"十四五"时期国家重点出版物出版专项规划项目

存量时代·城市更新丛书

庄惟敏 唐 燕｜丛书主编

城镇老旧小区

改造实践与创新

中国城市规划设计研究院城市更新研究所｜编著

U0192056

中国城市出版社

图书在版编目（CIP）数据

城镇老旧小区改造实践与创新／中国城市规划设计研究院城市更新研究所编著. —北京：中国城市出版社，2022.9（2023.11重印）

（存量时代·城市更新丛书／庄惟敏，唐燕主编）

ISBN 978-7-5074-3494-1

Ⅰ.①城… Ⅱ.①中… Ⅲ.①城镇—居住区—旧房改造—研究—中国 Ⅳ.①TU984.12

中国版本图书馆CIP数据核字（2022）第133015号

责任编辑：黄　翊　徐　冉
书籍设计：锋尚设计
责任校对：李美娜

存量时代·城市更新丛书
庄惟敏　唐　燕　丛书主编
城镇老旧小区改造实践与创新
中国城市规划设计研究院城市更新研究所　编著
*
中国城市出版社出版、发行（北京海淀三里河路9号）
各地新华书店、建筑书店经销
北京锋尚制版有限公司制版
北京中科印刷有限公司印刷
*
开本：787毫米×1092毫米　1/16　印张：12½　字数：268千字
2022年10月第一版　　2023年11月第二次印刷
定价：**78.00**元
ISBN 978-7-5074-3494-1
（904474）
版权所有　翻印必究
如有印装质量问题，可寄本社图书出版中心退换
（邮政编码100037）

丛书前言

城市自诞生之日起，更新改造便伴随其发展的全过程。城市更新的内涵在不同时期侧重不同，并随着社会经济的进步而不断丰富，涉及文化传承、经济振兴、社会融合等不同目标，也涵盖保护修缮、局部改建、拆除重建等不同手段。当前，随着我国城镇化进程迈入后半程，经济社会发展和城乡空间建设面临日益复杂的挑战：全球气候变暖带来资源与环境保护的新要求、科技变革带来生产生活方式的信息化转变、人口结构调整带来社会需求的不断多元……这无疑对城乡发展方式转型和治理变革提出了新诉求。

因此，在新的存量规划时代，城市更新作为一种综合性的城乡治理手段，其以物质空间的保护和再利用等为基础，逐步担负起了优化资源配置、解决城乡问题、推进功能迭代、提升空间品质等诸多责任。2020年，国家面向"十四五"时期提出"实施城市更新行动"的全面战略部署，使得城市更新在城乡建设和城乡治理中的地位更为突显，成为助推国家与地方高质量发展的关键领域。

然而城市更新不同于新建项目，更新实践需要处理和应对更为复杂的现状制约、更加综合的改造诉求、更趋多元的利益关系等，因此在我国空间规划体系改革和经济社会转型的特殊时期，探索适应现阶段实际需求的城市更新理论、政策和实践路径势在必行。总体来看，尽管我国城市更新的实践开展日趋广泛，但依然存在系统性不足、症结问题多等困境亟待破解，对城市更新制度设计、体制机制保障、分级分类施策、精细化规划设计等的深入探究及经验总结供不应求。

首先，由于自然地理条件、经济发展水平、规划治理方式等差异，我国不同城市的更新发展阶段、制度演进与运作方式等呈现出不同特征，如深圳城市更新强调市场参与动力的激发，上海城市更新突出城市空间的综合治理，北京城市更新重在服务首都职能等。研究不同城市的更新历程与实操经验，明确不同发展阶段城市更新面临的差异化挑战，对于不同城市的更新活动推动具有实践指引意义。其次，工业用地、老旧小区、老旧商办等空间历来是城市更新的重要关注对象，随着乡村振兴战略的深入开展，村镇地区的更新改造也成为助力城乡融合和存量盘活的重要手段，因此根据这些具体更新对象探寻"针对性"的改造策略和盘活出路是城市更新战略的重中之重。不同空间对象由于功能类型、产权关系、建设特点的差异，在更新中需要处理迥异的利益博弈关系、产权转移方式、功能升级方向和空间改造需求等，导致分级、分类的更新手段和工作模式提供变得尤为重要。再者，随着广州、深圳、上海、成都等各地城市更新条例或者管理办法的相继出台，我国的城市更新进一步迈入制度化和规范化的新阶段。同时在城市更新乃至社会发展的整体过程中，正规化的制度引领和非正规化的包容性行动历来相辅相成，两股力量共同推动城市更新实践和社会治理手段的螺旋进步。

综合上述思考，立足中国实践，紧扣时代脉搏，我们组织策划了本套城市更新丛书，期望能够在梳理我国城市更新理论与实践发展状况的基础上，针对我国城市更新工作存在的"关键痛点"和"重要议题"展开讨论并提出策略建议，为推动我国存量空间的提质增效、城市更新的政策制定、国家行动的部署落地等给出相应思考。丛书从"城市治理、制度统筹、历史保护、住区更新、非正规行动、存量建筑再利用"等维度进行基于实证基础的科学探讨，主要包括《城市更新的治理创新》《城市更新制度与北京探索：主体—资金—空间—运维》《城镇老旧小区改造实践与创新》《包容性城市更新：非正规居住空间治理》《存量更新与乡土传承》等卷册，特色不一。

丛书已经成稿的各卷，选题聚焦当前我国城市更新领域的重点任务和关键问题，对促进我国城市更新行动开展具有参考意义。分卷《城市更新的治理创新》在推进国家治理能力和治理体系现代化的背景下，从城市治理角度综合研究城市更新的行动实施和路径落地；分卷《城市更新制度与北京探索：主体—资金—空间—运维》侧重"主体—资金—空间—运维"导向下的城市更新制度建设框架结构，剖析北京城市更新从制度建设到实践运作的多方面进展；分卷《城镇老旧小区改造实践与创新》针对国内老旧小区改造实践开展系统化分析，揭示问题、探寻理论与技术支撑、总结经验并提出做法建议；分卷《包容性城市更新：非正规居住空间治理》阐述了非正规城市治理理论，采用"准入—使用—运行"分析框架，对国内外多个大城市非正规居住空间治理实践案例进行剖析，提出面向包容性城市更新的对策建议；分卷《存量更新与乡土传承》分析研判了城乡更新中存量建筑再利用的可行性、必要性，以及其中蕴含的文化价值，从设计学维度阐述了传承乡愁与乡土文化的更新改造策略。

整套丛书由清华大学、中国城市规划设计研究院、中国建筑设计研究院、深圳市城市规划设计研究院等一线科研、实践机构共同撰写，注重实证，视野开阔。各卷著作基于统筹、治理、保护、利用等思考，系统化地探讨了当下社会最为关注的北京、上海、深圳等前沿城市，以及老旧街区、老旧工业区、老旧小区、老旧村镇等多类型城乡空间的综合更新与治理问题。著作扎根实践又深入理论，融合了城乡规划、社会学、管理学、经济学、建筑学等不同学科知识，围绕存量盘活与提质增效、空间规划改革、乡村振兴等重点方向开展探讨，展现了国内外城市更新的新近成果及其经验，并剖析了我国城市更新的发展趋势及关键议题。

衷心感谢为丛书出版给予不断支持和帮助的撰写单位、行业专家及出版编辑们。丛书是响应国家号召和服务社会所需而进行的探索思考，望其出版可对我国城市更新的实践发展和学科进步作出应有的绵薄贡献，同时囿于时间、精力和视野所限，本书存在的不足之处也有待各位同行批评指正。

丛书编者于清华园

2022年6月

本书序

党的十八大以来，习近平总书记高度重视城市工作，有一系列的重要指示和批示，特别是2019年提出"人民城市人民建，人民城市为人民"的重要思想。党的十九届五中全会中更是将"实施城市更新行动……强化历史文化保护，塑造城市风貌，加强城镇老旧小区改造和社区建设……"作为"十四五"期间的重要工作。这标志着城市更新成为新时期提升人居环境品质、推动城市高质量发展和开发建设方式转型的重要战略举措和抓手。

近年来，住房和城乡建设部（简称住建部）以城镇老旧小区改造为切入点，持续探索如何改善群众的居住环境、提升居民的生活品质。2017年12月，住建部指导广州、沈阳、宜昌等15个城市开展城镇老旧小区改造试点工作；2019年6月国务院常务会议对城镇老旧小区改造作出部署后，住建部又会同有关部委加大力度，支持和指导各地探索推进城镇老旧小区改造，推进2省8市深化试点工作；2020年7月在总结各地可复制可推广的经验做法基础上，牵头代拟了《关于全面推进城镇老旧小区改造工作的指导意见》，并由国务院办公厅印发，力争在"十四五"期末基本完成2000年以前建成的需要改造的城镇老旧小区改造任务。

中国城市规划设计研究院作为住建部的技术支持单位，全程深度参与了城镇老旧小区改造政策研究的相关工作。2019年下半年，统筹调动全院十余个所室，协同住建部及相关部委开展了全国调研工作并协助编写了调研报告，为全面掌握全国城镇老旧小区改造工作基础现状提供了技术支撑。与此同时，以城市更新研究所为主，协同城市设计分院、中规院（北京公司）建筑所等，深入参与了江苏昆山、陕西延安等不同地区的城镇老旧小区改造的项目实践。随着持续、深入地开展工作，我们越来越认识到城镇老旧小区改造工作的重要性和复杂性，既是提升城市生活品质、促进城市发展转型的重要切口，更是提升基层治理能力、形成共谋共建共治共享的社会治理体系的重要抓手。

本书是中规院近年来参与城镇老旧小区改造工作的一些历程回顾与总结思考。既有对全国城镇老旧小区改造工作的情况摸底、经验总结，也有对其在内涵、理念、机制等方面的一些思考，还有在具体项目实践过程中的一些探索和体会。客观地说，本次研究和实践仅仅是一个开端，随着城市更新行动的推进，城镇老旧小区改造工作还会有新的理念、技术和方法，体制机制也还会有新的创新，我们将持续跟踪，力争把城镇老旧小区改造这一民心工程做实、做细、做好。衷心感谢住建部城建司及相关部门的充分信任，感谢江苏昆山、陕西延安等地方政府和相关部门的大力支持，也感谢中规院参与这项工作各部门每一位同事的辛勤工作和付出。

是为序。

中国城市规划设计研究院院长

全国工程勘察设计大师

本书前言

党的十九大以来，中央对于城市工作高度关注，一系列的会议及相关指示为新时期我国城市的转型发展指明了战略方向。十九届五中全会上更提出，"推进以人为核心的新型城镇化。实施城市更新行动……加强城镇老旧小区改造和社区建设……"中国城市在经历了改革开放以来几十年的快速发展建设后，城市工作的方向开始转向内涵式发展和城市更新。城镇老旧小区改造是最重要的民生问题之一，涉及千家万户，是城市更新中最重要的一项内容。

事实上随着城市的发展，城镇老旧小区改造的工作一直都在进行。不少地区和城市结合自身的需求也都在推进有关老旧小区改造的工作。2017年以来，住房和城乡建设部（简称住建部）会同国家发改委、财政部在全国推进了城镇老旧小区改造试点工作，并取得了阶段性成效。2019年以来，城镇老旧小区改造工作更是得到党中央、国务院的重点关注和大力推进。2019年4月14日，国务院常务会议确定加大城镇老旧小区改造力度，推动惠民生、扩内需。2019年6月19日，国务院常务会议对推进城镇老旧小区改造工作进行了全面部署。鉴于这项工作意义重大，而且在实施过程中涉及面广、错综复杂，确定由住建部牵头，吸纳更多相关部委和部门参与，共同协力推进该项工作。也是从这时起至今，中国城市规划设计研究院（简称中规院）作为住建部下属事业单位，全院动员，由城市更新研究所牵头相关所室，全程、全方位参与了近年来有关城镇老旧小区改造的一系列工作，包括现状情况调研摸底、政策文件研究支撑、试点工作跟踪总结以及一些改造实践实施项目。

2019年7~8月，住建部会同国家发改委等22个部门，分8个组，对全国城镇老旧小区改造工作进行了全面的调研摸底。中规院由城市更新研究所牵头十余个所室全程参与了全国调研，并配合相关部门进行了材料梳理和总结，积累了大量的第一手资料，深入了解了各地老旧小区改造的情况和面临的问题、瓶颈。随后，在配合相关政策文件的支撑性研究中，中规院也由城市更新研究所牵头相关所室开展了国际案例研究，通过研究国际上不同国家和地区在老旧小区改造工作推进和运作方面的做法，从对象内容、专职机构、法律体系、运行机制、公众参与、资金筹措等方面总结出中国城镇老旧小区改造可参考借鉴的经验启示。

2019年10月起，为贯彻落实党中央、国务院有关决策部署，住建部会同国家发改委、财政部、人民银行、银保监会等部门制定深化改革方案，组织山东、浙江两省和上海、青岛、宁波、合肥、福州、长沙、苏州、宜昌8个城市开展城镇老旧小区改造深化试点工作。中规院城市更新研究所也派专人协同住建部相关处室，对试点工作进行了跟踪总结，编写了《城镇老旧小区改造"九项机制"试点案例集（第一批）》，为相关政策文件的制定提供实践支撑。

2020年7月20日，《国务院办公厅关于全面推进城镇老旧小区改造工作的指导意见》（国办发〔2020〕23号，简称《意见》）发布，标志着全国城镇老旧小区改造工作进入新的阶段。《意见》对于工作总体要求、改造任务、组织实施机制、改造资金共担机制、配套政策、组织部门保障等方面都提出了具体要求和指导，为长期全面推进城镇老旧小区改造工作、开展政策机制探索指明了方向。《意见》发布前后，中规院城市更新所协同住建部相关处室对文件精神进行了解读和宣讲；同时派王仲同志赴城建司社区处挂职，继续跟踪城镇老旧小区改造工作，协同相关处室总结各地可复制推广的经验。2020年12月、2021年1～5月，《城镇老旧小区改造可复制政策机制清单》第一批、第二批、第三批相继发布，总结了各地在城镇老旧小区改造深入开展过程中各个方面因地制宜的做法，为各地持续开展城镇老旧小区改造工作提供了许多可供借鉴复制的政策机制创新示例。

在全力做好政策机制研究支撑、跟踪全国工作动态、总结试点经验的同时，中规院城市更新研究所也积极参与城镇老旧小区改造项目实践。2019年至今，中规院城市更新研究所与兄弟单位一起，先后参与了陕西省延安市、江苏省昆山市等地的城镇老旧小区改造相关工作，既有整体层面上的老旧小区改造技术导则、专项规划等工作，也有具体的老旧小区改造工程项目。通过这些项目，技术人员一方面从各类实践中进一步了解了不同地区城镇老旧小区改造中面临的各类问题挑战，另一方面也通过具体的项目实践探索了落实中央精神和推动该项工作实施的有效途径。

本书是中规院参与城镇老旧小区相关工作的阶段性总结和思考，其中体现了城市规划设计技术人员对城镇老旧小区改造工作、城市更新以及新时期中国城市转型发展方面的一些认识与思考，也包含了城市规划设计技术人员转换思路、语境和工作方式的一些探索。我们从中能体会到城市工作未来的转型方向，要体现"以人民为中心"、环境品质优先等理念要求，同时也感受到过去的相关技术标准、政策机制、管理理念等存在不适应性。城镇老旧小区改造，改造的不仅是物质空间环境，还有制度建设、治理能力等"软环境"内容。通过这几年的跟踪研究和实践探索，我们更加深刻地认识到城镇老旧小区工作的综合性、复杂性，及其所承载的重要意义。这项工作既有惠民生、拉投资、促消费方面的重要意义，也是提升城市品质、促进城市转型发展的重要切口，更是提升治理能力，形成共建共治共享的社会治理体系的重要途径。概括来说，这项工作既是民生工程，也是发展工程，更是提升城市治理水平、打造社会治理格局的重要抓手。

中国的城镇化进程已进入了新的时期，城市更新是大势所趋，而城镇老旧小区改造作为其中涉及面最广、任务最重的类型之一，也越来越受到各方重视。住建部前部长王蒙徽曾多次提到，居住社区是构成城市的最基础的细胞单元，对于城市的重要性不言而喻；黄艳副部长也提出，城镇老旧小区改造工作是城市更新工作的一个切口，推进老旧小区改造工作及相关的机制探索对于城市更新工作意义重大。城市处于不断的发展变化中，今天的新区、新房明天也会逐渐成为老旧小区，城市更新和城镇老旧小区改造将是一个长久的课题。这个长期的工作，对政府部门管理人员、社区治理工作人员、规划设计技术人员、工程建设技术人员等，以及规划建设管理方式都有全新的要求，需要我们在思想理念、学科建设、技术方法、政策机制等方面转型创新，才能满足新时期城市工作的要求和人民对更美好生活的诉求。本书是我们参与相关工作的一个阶段性总结思考，希望它能起到抛砖引玉的作用，激发广大的城市研究、规划、建设和管理者参与到这项工作中来，引起大家更广泛的关注和讨论，把我们所能够用到的平台、理论、技术、方法等都投入到这项工作中去。也希望我们的工作能使我们的城市更美好，生活更美好！

目 录

第 6 章　我国城镇老旧小区改造试点实践机制探索

第 7 章　总结与展望

第 1 章

绪论：
城镇老旧小区改造
背景及要求

1.1 城镇老旧小区改造历程

　　本书将我国城镇老旧小区改造历程划分为三大阶段：2017年之前，各地探索为主的阶段；2017~2020年，全国层面试点探索阶段；2020年至今，城镇老旧小区改造全面推进阶段。在不同阶段，城镇老旧小区的定义、内涵以及城镇老旧小区改造的内容和特点各有不同。

1.1.1 2017年之前的改造工作概况

　　2017年之前，城镇老旧小区改造还处于各地探索为主的阶段。如上海市在1990年代末就开展了旧住房成套改造工程、"平改坡"工程、"变频供水"改造等[1]；北京市早些年开展了既有住宅建筑节能改造工作，也称作"暖房子"工程，2012年还出台了《北京市老旧小区综合整治工作实施意见》；广州市2009年开始进行针对"旧城镇、旧厂房、旧村庄"的三旧改造，并于2016年在全国率先开展老旧小区微改造工作；杭州市自2000年起先后实施了背街小巷整治、庭院改善、危旧房改善、老旧小区"微改造"等工程。

　　这一阶段的城镇老旧小区改造多被涵盖在其他相关工程项目中，或者被囊括在"旧城改造"的大系统之中，如三旧改造、背街小巷整治、海绵城市改造、地下综合管廊改造、雪亮工程、暖房子工程等，参与部门较为单一，改造内容以建筑本体修缮、基础设施提升为主，关注物质空间改善，工程思维较重。国家层面对于老旧小区的界定、改造范围、改造内容等方面还没有明确的界定。在2007年建设部发布的全国性指导文件《关于开展旧住宅区整治改造的指导意见》（建住房〔2007〕109号）中，旧住宅区是指"房屋年久失修、配套设施缺损、环境脏乱差的住宅区"，改造内容包括"环境综合整治、房屋维修养护、配套设施完善、建筑节能及供热采暖设施改造"。另外，各地改造工作差异较大，一些发达地区已经开展了多轮改造，改造标准较高，而一些地区仍未展开改造或者改造标准很低。

---

[1] 刘勇. 旧住宅区更新改造中居民意愿研究 [D]. 上海：同济大学，2006.

1.1.2 2017年三部委改造试点工作概况

2017年底，住建部印发《住房城乡建设部关于推进老旧小区改造试点工作的通知》（建城函〔2017〕322号），在厦门、广州等15个城市启动了城镇老旧小区改造试点。截至2018年12月，试点城市共改造老旧小区106个，惠及5.9万户居民[①]，探索出了一系列可推广、可复制的经验。从试点及各地反馈的情况看，城镇老旧小区改造涉及面广，是一项系统工程。但存在三大关键课题：一是建立多元化融资机制，加大改造资金筹集力度；二是地方加强统筹协调，强化基层组织建设，发动小区居民通过协商达成共识，积极参与老旧小区改造；三是在改造中因势利导，同步确定小区管理模式、管理规约及居民议事规则，同步建立小区后续管理机制。

在此基础上，2019年，住建部会同国家发改委、财政部三部委联合印发了《关于做好2019年老旧小区改造工作的通知》（建办城函〔2019〕107号），全面推进城镇老旧小区改造工作。通知指出，"老旧小区应为城市、县城（城关镇）建成于2000年以前、公共设施落后影响居民基本生活、居民改造意愿强烈的住宅小区"。该通知强调了四个方面的工作：一是摸排全国城镇老旧小区基本情况；二是指导地方因地制宜提出当地城镇老旧小区改造的内容和标准；三是部署各地自下而上，既尽力而为，又量力而行，合理确定2019年改造计划；四是推动地方创新改造方式和资金筹措机制等。按照"业主主体、社区主导、政府引领、各方支持"的方式统筹推进，采取"居民出一点、社会支持一点、财政补助一点"等多渠道筹集改造资金。

1.1.3 2019年国务院常务会议后工作推进

2019年6月19日，国务院常务会议部署推进城镇老旧小区改造工作，城镇老旧小区改造工作被提升到新的高度。会议认为，加快改造城镇老旧小区，群众愿望强烈，是重大民生工程和发展工程。目前全国需改造的城镇老旧小区涉及居民上亿人，量大面广，情况各异，任务繁重。会议对改造对象范围、改造内容、组织机制、投融资渠道提出要求。尤其强调要发展社区养老、托幼、医疗、助餐、保洁等服务，带动供给侧改革，促进消费，拉动投资。老旧小区改造不仅是物质

[①] 扎实开展试点 去年试点城市改造老旧小区106个 [EB/OL]. [2019-07-01]. http://www.scio.gov.cn/32344/32345/39620/40845/zy40849/Document/1658393/1658393.htm.

空间改善，还是需要植入各类服务，构建基层治理体系，追求社会经济综合效益，需要多部门参与完成的综合改造。

2020年7月，《国务院办公厅关于全面推进城镇老旧小区改造工作的指导意见》（国办发〔2020〕23号，简称国办23号义）发布，明确了老旧小区的内涵、改造原则、改造内容、组织实施机制、资金共担机制、配套政策以及组织保障，并提出工作目标：到2022年，基本形成城镇老旧小区改造制度框架、政策体系和工作机制；到"十四五"期末，结合各地实际，力争基本完成2000年底前建成的需改造城镇老旧小区改造任务。

1.2 当前城市更新与城镇老旧小区改造工作新背景

1.2.1 老旧小区改造是城市更新工作的重要部分

2020年，我国的常住人口城镇化率已经超过60%，城市建设的重点已经转为对城市建成区的改造提质。同时，我国城市正处于城市病高发期，治理城市问题、推动城市转型发展将成为现阶段城市工作的重点。随着新建住宅大量建设和棚改计划的实施，老旧小区已成为城市内部居住环境较差的区域，居民居住"获得感"较弱。街老、院老、房老、设施老、生活环境差是老旧小区常见的"四老一差"困局。城镇老旧小区改造是城市更新工作的一个重要切入点，有助于推动城市发展方式转型，缓解城市病。

国际上城市发展呈现出的普遍规律是当城镇化发展进入第二拐点（城镇化率达到50%以后），城市将进入以存量更新为主的时代，通过治理城市问题，尤其是居住问题，推动城市转型发展。例如新加坡早期通过组屋建设满足基本居住需求，之后居民改善型需求日益凸显，从1990年开始通过电梯升级计划、中期翻修计划等一系列更新计划对社区进行提升维护。日本二战后在城市及近郊供给了大量住宅，此后随着经济发展以及生活水平的提高，从1980年代开始居住环境提升和防灾成为其住区规划建设重心，2000年后随着少子高龄化社会的到来，通过更新改造来活化老旧住区成为重点。

1.2.2 近年中央文件相关精神

党中央高度重视我国城镇老旧小区改造工作。习近平总书记在2015年中央城市工作会议上曾指出，要加快老旧小区改造，不断完善城市管理和服务，彻底改变粗放型管理方式，让人民群众在城市生活得更方便、更舒心、更美好。

2019年7月30日，中共中央政治局会议指出，要实施城镇老旧小区改造、城市停车场、城乡冷链物流设施建设等补短板工程，加快推进信息网络等新型基础设施建设。

2019年12月10～12日，中央经济工作会议指出，要加大城市困难群众住房保障工作，加强城市更新和存量住房改造提升，做好城镇老旧小区改造，大力发展租赁住房。

2020年2月26日，中共中央政治局常务委员会召开会议，分析当前疫情形势，研究部署近期防控重点工作。会议强调，加快补齐老旧小区在卫生防疫、社区服务等方面的短板，深入细致做好群众基本生活保障工作。

2020年4月17日，中共中央政治局召开会议，分析研究当前经济形势，部署当前经济工作。会议强调，要积极扩大有效投资，实施老旧小区改造，加强传统基础设施和新型基础设施投资，促进传统产业改造升级，扩大战略性新兴产业投资。

2020年10月26～29日，中国共产党第十九届中央委员会第五次全体会议在北京举行。会议提出，推进以人为核心的新型城镇化，强化历史文化保护，塑造城市风貌，加强城镇老旧小区改造和社区建设，增强城市防洪排涝能力，建设海绵城市、韧性城市。

2020年12月16～18日，中央经济工作会议在北京举行。会议确定，2021年要坚持扩大内需这个战略基点，要实施城市更新行动，推进城镇老旧小区改造，建设现代物流体系。

1.2.3 近年国务院有关工作部署

2019年3月5日，李克强总理在《政府工作报告》中指出，城镇老旧小区量大面广，要大力进行改造提升，更新水电路气等配套设施，支持加装电梯和无障碍环境建设，健全便民市场、便利店、步行街、停车场等生活服务设施。

2019年6月19日，李克强总理主持召开国务院常务会议，部署推进城镇老旧小区改造，顺应群众期盼，改善居住条件。会议认为，加快改造城镇老旧小区，群众愿望强烈，是重大民生工程和发展工程。

2019年6月25日，李克强总理在全国深化"放管服"改革优化营商环境电视电话会议上指出，城镇老旧小区改造方面，居民的需求很大。"放管服"改革要在这方面发力，在尊重社区居民意愿的基础上，加强各级政府引导支持，积极发挥社会力量和市场力量的作用，分城施策，大力发展养老、托幼、家政和"互联网+教育""互联网+医疗"等服务。这既是为人民服务，也是拓展内需潜力。

2019年7月11日，李克强总理主持召开国家应对气候变化及节能减排工作领导小组会议，要求结合城镇老旧小区改造推进建筑节能改造，继续发展水电、风电、太阳能发电等清洁能源。

2019年7月15日，李克强总理主持召开经济形势专家和企业家座谈会，会议要求以改善民生为导向培育新的消费热点和投资增长点。提高消费品质量，增加养老、托幼、教育、健康等领域优质供给，拓展"互联网+生活服务"。因地制宜推进城镇老旧小区改造，实现惠民生和促发展双赢。

2019年7月31日，李克强总理主持召开国务院常务会议，为加快发展商品消费、深挖国内需求潜力、提升人民生活品质，会议确定鼓励把社区医疗、养老、家政等生活设施纳入老旧小区改造范围，给予财税支持，打造便民消费圈。

2019年9月11日，李克强总理主持召开国务院常务会议。会议指出，要以民生需求为导向培育经济新增长点，加大政府支持带动社会力量投入，增加普惠优质的教育、医疗、养老、托幼等服务供给，尊重居民意愿，加大城镇老旧小区改造力度，持续推进棚户区改造，研究支持建设一批惠及面广、补短板的民生重大工程，让人民群众更多受益。

2020年4月14日，李克强总理主持召开国务院常务会议，确定加大城镇老旧小区改造力度，推动惠民生扩内需。各地要统筹负责，按照居民意愿，重点改造完善小区配套和市政基础设施，提升社区养老、托育、医疗等公共服务水平。建立政府与居民、社会力量合理共担改造资金的机制，中央财政给予补助，地方政府专项债给予倾斜，鼓励社会资本参与改造运营。

2020年5月22日，李克强总理在第十三届全国人民代表大会第三次会议政府工作报告中提到：新开工改造城镇老旧小区3.9万个，支持管网改造、加装电梯等，发展居家养老、用餐、保洁等多样性社区服务。

2020年7月22日，李克强总理主持召开国务院常务会议，会议指出，要着眼满足群众改善生活品质需求，加快推进老旧小区改造，加大环保设施、社区公共服务、智能化改造、公共停车场等薄弱环节建设，提高城市发展质量。

2021年3月5日，政府工作报告2021年重点工作中包括：政府投资更多向惠及面广的民生项目倾斜，新开工改造城镇老旧小区5.3万个，提升县城公共服务水平。

2021年3月12日，《中华人民共和国国民经济和社会发展第十四个五年规划和2035年远景目标纲要》第二十九章第一节指出，加快推进城市更新，改造提升老旧小区、老旧厂区、老旧街区和城中村等存量片区功能，推进老旧楼宇改造，积极扩建新建停车场、充电桩。

1.3 城镇老旧小区改造工作意义再认识

1.3.1 既是小事，也是大事

相比于其他建设项目，城镇老旧小区改造是一件"小事"，它属于"微改造"模式，不拆迁住房，不动迁居民，改造内容为设施的提升、环境的改善、空间的整合、各类社区服务的植入等。同时，城镇老旧小区改造也是一件"大事"，因为它可惠及民生、促进消费、拉动投资，党中央和国务院给予高度重视。老旧小区是城市的基本单元之一，老旧小区改造可以提升城市品质，促进城市发展转型，促进高质量发展，还可以促进基层治理能力提升。

1998年亚洲金融危机时，中共中央、国务院实施住房提升、振兴经济政策，提出城镇住房制度改革；2003年SARS事件冲击下，中国提出加快发展房地产市场；2008年全球金融危机爆发，中国推进保障性安居工程；2013年经济增速下滑，中国开始实施棚户区改造；2019年，在中美贸易战、新型冠状病毒疫情冲击下，国家开始推动城镇老旧小区改造，希望通过改造带动相关产业发展，刺激消费，拉动投资。

1.3.2 不是新事，也是新事

老旧小区改造不是新事，一些沿海城市1980～1990年代就开始了这项工作，主要聚焦在水电气路等管线改造，还有很多东北、华北地区城市，早些年开展了很多"暖房子"工程。住宅和住区具有一定的使用寿命，为了延长寿命、提升品质，必然要持续不断地改造。

目前国家大力推进的城镇老旧小区改造工作可称为升级版，跟之前的工作有相同的地方，但要更加综合和全面。一是改造内容方面，过去多为单项改造，如房屋节能、水电气路等。而此次改造工作更多的是综合改造（图1-1），改造内容涉及楼体、市政设施、小区环境及配套、公共服务设施，避免了多次改造、重复施工。此次改造内容分为三类：基础类包括水暖气路等市政配套基础设施改造提升、小区建筑物公共部位维修等；完善类包括小区的环境及配套设施改造提升、加装电梯等；提升类包括社区公共服务产品的供给，如养老、托育、卫生防

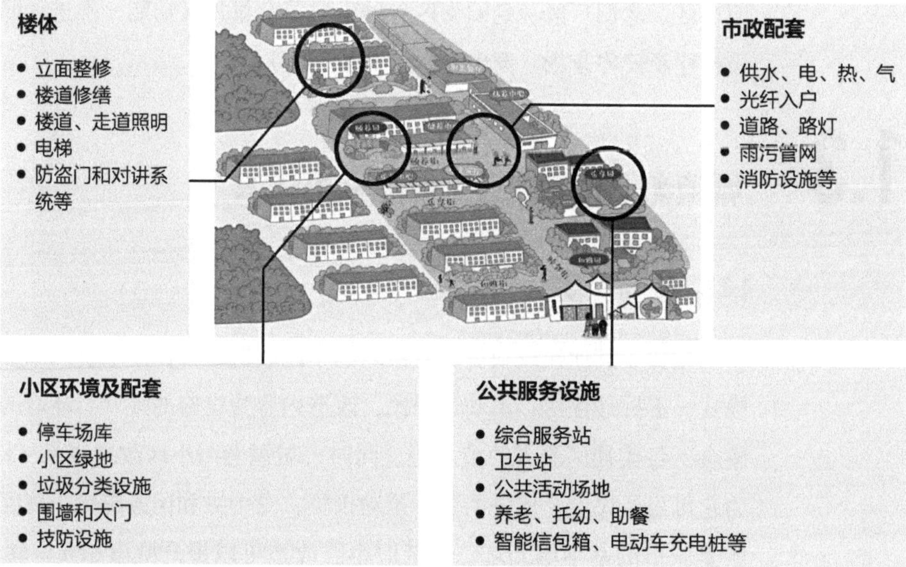

图1-1 城镇老旧小区改造内容

疫、助餐等。二是组织实施方面，过去基本上是政府自上而下的单方面工作，基本是财政直接投入，此次改造从改造方式和资金来源上都是多方参与的。三是资金筹措方面，过去主要依靠地方财政、水电气等专营单位，此次改造资金的来源更加多元，包括中央财政、社会出资、居民出资、服务设施收入。四是改造要求方面，此次改造要把长效管理机制建立起来，包括物业管理模式、小区管理规约、居民议事规则等①。

1.3.3 既是受欢迎的事，也是难做的事

城镇老旧小区改造是受老百姓欢迎的事儿，因为改造给小区带来了看得见的改变：最明显的是物质空间层面，人居环境改善、设施功能提升；经济层面，居民房产增值、投资消费得到拉动，这一点从房屋入住率、租金、交易价格等方面得到体现；治理层面，物业管理得到拓展，基层治理能力得到提升，多地反映改造后物业费收缴率明显提高。

但是，城镇老旧小区改造也是难做的事儿。老旧小区产权主体多，弱势群体多，居民意见难统一；改造内容繁杂，从水电气路到房屋、环境，还要补充完善

---

① 住房和城乡建设部副部长黄艳介绍情况 [EB/OL]. [2020-04-01]. http://www.gov.cn/xinwen/2020-04/16/content_5503197.htm.

公共服务，建立长期运营管理机制；资金筹集困难，全依靠政府出资不可持续，但是改造的收益空间少，社会资本难介入；参与部门多，统筹协调困难，如改造涉及诸多管线单位，与其他部门协调较难。城镇老旧小区改造与城市"双修"工作（城市修补、生态修复）不同，后者关注的是城市公共空间，而前者关注的是居民产权空间，与老百姓生活密切相关，所以也面临更大的困难。

1.3.4　三个层面的意义再认识

老旧小区改造的意义体现在三个层面（图1-2）。第一，城镇老旧小区改造能够实现"惠民生、拉投资、促消费"的目标。城镇老旧小区改造能够提升人民居住水平，改善生活，惠及民生。同时，改造可带动相关服务业和制造业发展，如建材产业、电梯产业、生活服务相关产业都得到带动。在改造后，居民拥有更高的意愿去装修、购置新家具家电，能够促进居民消费，刺激经济增长。第二，城镇老旧小区改造是提升城市品质、促进城市发展转型的有利切口，是我国城市由外延扩张型发展转向内涵提升型发展的重要切入点，推进其从增量时代走向存量时代。老旧小区是一个个小的城市单元，老旧小区的改造能够促进城市品质的提升，同时，通过改造而非大拆大建的方式提升城市品质，彰显了新的发展理念，摒弃了粗放的扩张式发展。第三，城镇老旧小区改造是提升城市基层社会治理能力的一项重要抓手。城镇老旧小区改造工作与老百姓密切相关，很多工作是群众工作，需要运用"共同缔造"的理念和方法，有利于实现基层共治，形成共建共治共享的社会治理体系。

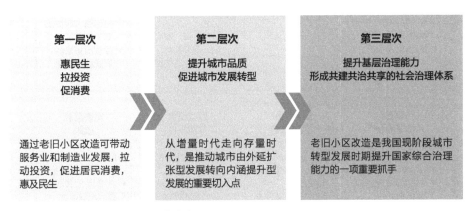

图1-2　老旧小区改造三个层面的意义

1.4 新时期新要求

1.4.1 2020年国办23号文件要点解析

国办23号文件提出五大原则和五大要求（图1-3）：要坚持以人为本，把握改造重点；坚持因地制宜，做到精准施策；坚持居民自愿，推动共建共享；坚持保护优先，注重历史传承；坚持共治共管，加强长效管理的原则。同时要求各地从实际出发，加快完善体制机制，破解改造中面临的难点问题，着力提高发展质量。

第一，明确城镇老旧小区改造任务。针对各地老旧小区量大面广、情况各异、居民需求差异大等特征，国办23号文件提出了明确改造对象范围、合理确定改造内容、编制专项改造规划和推进计划等重点任务。改造任务应根据当地实际情况、居民主要需求，合理确定改造范围、改造内容清单和具体改造标准。

第二，建立健全组织实施机制。针对老旧小区改造涉及部门单位多、协调难度大等问题，国办23号文件提出了建立统筹协调机制、健全动员群众参与机制、建立改造项目推进机制和完善小区长效管理机制等重点任务。各地要统筹推进城

图1-3 国办23号文件提出五大原则和五大要求

镇老旧小区改造各项工作，协调解决实施中出现的各类问题。要与加强基层党组织建设、社区治理体系建设有机结合。要搭建沟通议事平台，开展小区党组织引领的多种形式基层协商。要组织引导社区内的机关、企事业单位积极参与城镇老旧小区改造。明确专门机构负责城镇老旧小区项目实施工作，制定改造工作流程、项目管理机制，推进项目有序实施。要落实工程质量责任，杜绝安全隐患。要充分发挥社会监督作用，畅通投诉举报渠道。要在城镇老旧小区改造中同步建立小区党组织领导、居委会、业主委员会、物业管理公司等多主体参与的小区管理联席会议机制，协商确定小区管理模式、管理规约及居民议事规则，共同维护老旧小区改造成果。

第三，建立改造资金政府与居民、社会力量合理共担机制。针对老旧小区改造多元化资金筹措机制建立难等问题，国办23号文件提出了落实居民出资责任、加大政府投入、持续提升金融服务力度和质效、推动社会力量参与和落实税费减免等重点任务。各地要按照谁受益谁出资原则，积极推动居民出资参与城镇老旧小区改造。鼓励居民通过个人捐资捐物、投工投劳支持改造。支持各地统筹各类涉及住宅小区的专项资金，用于城镇老旧小区改造，提高资金使用效率。充分利用现有融资方式，构建多元化融资体系，灵活设计金融产品，以可持续方式从供需两侧对城镇老旧小区改造提供金融支持。支持各类企业以政府与社会资本合作模式（PPP）参与改造。专业经营单位，用于提供社区养老、托幼、家政服务的房产、土地和为社区提供养老、托幼、家政等服务的机构参加老旧小区改造的按照相关规定减免一定的税费。

第四，完善配套政策。针对现有制度政策不适应改造需要等问题，国办23号文件提出了加快城镇老旧小区改造项目审批、完善适应改造需要的标准体系、建立存量资源整合利用机制和明确土地支持政策等重点任务。结合工程建设项目审批制度改革，精简改革城镇老旧小区改造工程审批事项和环节，加快构建快速审批流程。各地要抓紧制定城镇老旧小区改造技术导则，明确改造要求。有条件的地方可合理拓展改造实施单元，推进相邻小区及周边地区联动改造，加强片区服务设施、公共空间共建共享。在征得居民同意前提下，允许在城镇老旧小区改造中，利用小区及周边空地、荒地、闲置地及绿地等，新建停车场（库），加装电梯及各类设施、活动场所等。要加强公有房屋统筹，支持利用社区综合服务中心、社区居委会办公场所、社区卫生站以及住宅楼底层商业用房等小区公有住房，改造利用小区内的闲置锅炉房、底层杂物房，增设养老、托幼、家政、便利店等服务设施。

第五，强化组织部门保障。城镇老旧小区改造牵涉面广，直接关系到改造的每个家庭，是一项综合、细致、复杂的系统工程。为保障有效实施，国办23号文件明确了三项保障措施。一是明确部门职责，各有关部门要加强政策协调、工作衔接、督促检查，及时发现新情况、新问题，完善相关政策和措施。二是落实地方责任。各省级人民政府对本地区的老旧小区改造工作总负责，要加强统筹和指导，确保工作有序推进。市、县人民政府和主要负责人要落实主体责任。把推进城镇老旧小区改造工作摆上重要日程，进一步健全工作机制，细化责任分工，积极主动工作。三是做好宣传引导，要加大优秀项目、典型案例的宣传力度，提高社会公众对城镇老旧小区改造的认识，着力引导群众转变观念，变"要我改"为"我要改"，形成社会支持、群众积极参与的浓厚氛围。要准确解读城镇老旧小区改造政策措施，加强网上舆情监测，主动释放正面信息，及时澄清不实传言，回应社会关切。

1.4.2　工作展望和要求

2020年国办23号文件制定了城镇老旧小区改造的工作目标（图1-4），即到2022年，基本形成城镇老旧小区改造制度框架、政策体系和工作机制；到"十四五"期末，结合各地实际，力争基本完成2000年底前建成需改造的城镇老旧小区改造任务。

老旧小区改造是完善社区治理体系的重要契机，是提升基层党建工作的有力抓手，应坚持"共同缔造"理念，围绕"以人民为中心"的指导思想，因地制宜、分类施策、分步实施。针对不同地区、不同项目的具体情况，需要一区一策、一事一议，根据不同老旧小区改造的不同内容，由街道社区、实施运营主体等相关单位与居民共同协商确定。改不改、怎么改、怎么出钱，都需要充分征求居民意见。同时，要合理落实居民出资责任，按照谁受益谁出资原则，积极推动居民通过出资等方式参与改造。

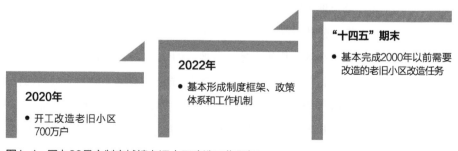

"十四五"期末
- 基本完成2000年以前需要改造的老旧小区改造任务

2022年
- 基本形成制度框架、政策体系和工作机制

2020年
- 开工改造老旧小区700万户

图1-4　国办23号文制定城镇老旧小区改造工作目标

　　老旧小区改造是完善政府治理体系的重要平台，是治理能力提升和机制创新的实践基础，应健全现有法律法规体系，让改造活动有法可依、有据可查、有章可循，应创新金融政策和配套机制，打通政策阻碍，吸纳更多社会力量参与进来。各地应制定本地区城镇老旧小区改造技术规范，加快城镇老旧小区改造项目审批、建立存量资源整合利用机制和明确土地支持政策等，精简改革城镇老旧小区改造工程审批事项和环节。

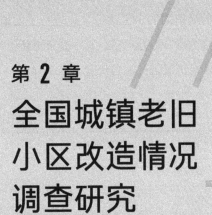

第 2 章

全国城镇老旧
小区改造情况
调查研究

2.1 城镇老旧小区改造工作总体情况及特征

2.1.1 调研安排及基本情况概述

2017年底，住建部在福建省厦门市召开老旧小区改造试点工作座谈会，选取了广州、秦皇岛、厦门、宜昌、沈阳等15个城市开展城镇老旧小区改造试点工作。截至2018年年底，试点城市对106个老旧小区进行了改造，涉及5.9万户居民[①]。2019年6月19日，国务院常务会议召开，指出城镇老旧小区改造是重大民生工程和发展工程，并确定将老旧小区改造作为全国层面全面推进的重点工作。

为落实国务院常务会议精神，2019年7月8日～8月2日，住建部会同发展改革委、民政部、财政部、人民银行、国资委、国管局等21个部门和单位，分8个组，对国内30个省级行政区（西藏、香港、澳门、台湾除外）和新疆生产建设兵团的城镇老旧小区改造工作进行了实地调研（表2-1、图2-1、图2-2）。中规院配合调研并进行总结，其中城市更新研究所作为牵头所全程参与各组调研并负责对调研情况进行汇总统合。

调研计划安排   表2-1

组别	牵头单位	调研地点
第一组	国家发改委	天津、山东、江西、海南
第二组	财政部	上海、江苏、安徽、湖南
第三组	人民银行	广东、河南、山西、宁夏
第四组	国资委	云南、贵州、四川、重庆
第五组	国管局	北京、湖北、青海、甘肃
第六组	民政部	辽宁、河北、山西、内蒙古
第七组	住建部	福建、浙江、新疆、兵团
第八组	住建部	吉林、黑龙江、广西

---

① 国务院政策例行吹风会文字实录 [EB/OL]. [2019-07-01]. http://www.gov.cn/xinwen/
2019zccfh/43/index.htm.

　　总体来看，城镇老旧小区改造工作已在全国各地普遍开展，呈现出量大面广、情况各异等基本特征，显示出老旧小区改造工作的长期性、艰巨性和复杂性，同时也揭示出老旧小区改造对促进民生改善和经济发展的巨大潜力。各地在老旧小区改造工作中取得诸多成效，形成许多值得借鉴推广的有益经验，但同时老旧小区改造工作的开展还面临不少问题和挑战，有待各方从体制机制、政策法规、改造模式、市场参与、资金筹措、共同缔造等多个方面进行探索和尝试。

第七组浙江调研　　　　　　　　　　　第八组吉林调研

图2-1　调研现场情况

小区环境设施改造　　小区环境设施改造　　　住宅加装电梯　　　小区市政道路改造

建筑本体修缮　　　　　小区环境设施改造　　　小区服务设施改造

图2-2　各地城镇老旧小区改造工作情况

2.1.2 特征1：老旧小区量大面广

通过本次调研摸底发现，全国城镇老旧小区数量庞大，大约占现有城镇住房面积的20%，该体量形成巨大市场潜力，使得老旧小区改造成为一个万亿级别的市场。根据住建部相关统计，各地待改造的2000年前建成的城镇老旧小区建筑面积约30亿平方米，涉及17万个老旧小区和上亿居民（约4200万户）[①]。2019年，各地改造城镇老旧小区1.9万个，涉及居民352万户。2020年，各地计划改造3.9万个老旧小区，涉及700万户[②]，是2019年数量的两倍。

城镇老旧小区改造涉及面广，需要改造的老旧小区产权构成复杂多元，涉及商品房、房改房、棚改安置房、其他保障性住房等（表2-2）。

宁夏各市已改造城镇老旧小区产权情况　　　　　　　　表2-2

城市	小区属性（主要住房类型） ①商品房 ②房改房 ③棚改安置房 ④保障性住房 ⑤国有企业职工家属小区 ⑥军队移交地方管理的干休所小区 ⑦其他
银川市	①②③④⑤⑦
石嘴山市	①②③④⑤⑥
吴忠市	①②③④⑤⑦
固原市	①
中卫市	①②⑤

根据调研反馈的数据可知，各地目前已广泛开展城镇老旧小区改造工作，山东、天津、浙江、江苏等省级行政区在改造量上走在全国前列。截至2019年7月底，全国已累计改造城镇老旧小区约6.2万个，总建筑面积13.98亿平方米，受益居民达1882万户。

---

① 数量17万个涉及上亿人，2019年老旧小区改造进展如何？［EB/OL］.［2019-12-01］. http://www.gov.cn/xinwen/2019-12/30/content_5465176.htm.
② 国务院政策例行吹风会文字实录［EB/OL］.［2020-04-01］. http://www.gov.cn/xinwen/2020zccfh/7/index.htm.

2.1.3　特征2：全国各地情况各异

我国幅员辽阔，各地区社会经济发展状况有所差别，老旧小区改造工作开展情况也呈现出多样化特征。从调研情况看，全国各地的老旧小区改造工作在改造量、改造成本、改造内容等方面具有一定差异性。

从已改造量来看，我国东部地区明显高于中、西部和东北地区（图2-3）。造成该区域差异的原因，一方面是一些东部发达城市的老旧小区改造起步较早。例如，上海是最早开始老旧小区改造的地区，早在1982年即开始了老旧小区改造工作，浙江、江苏分别在2000年、2003年开始了老旧小区改造，而重庆、云南则分别是从2017年、2014年才开始老旧小区改造。另一方面，东部地区的老旧小区总量比中、西部和东北地区要大。例如，根据调研数据，山东已改造和待改造的老旧小区总户数约300万户，而宁夏约为50万户。

从改造成本来看，由于各小区条件不一、改造内容和标准各异，不同老旧小区之间差异明显，成本高的能达到户均8万元，而成本低的仅户均0.3万元（表2-3、表2-4）。例如，重庆市沙坪坝区灯头厂项目的户均改造成本相对较

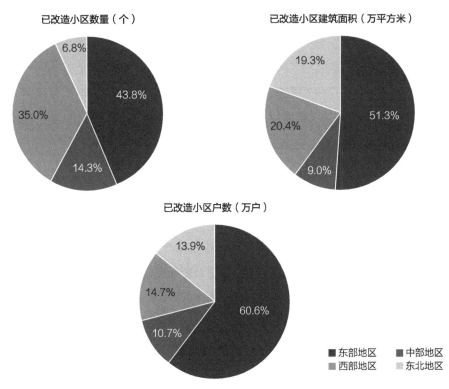

图2-3　东、中、西、东北地区占比情况

高，达到约6.8万元。该改造项目总投资约1215万元，改造建筑面积约1万平方米，涉及180户居民，每平方米改造成本为1177元。又如，山东省淄博市周村区项目的户均改造成本相对较低，约为5400元。该项目工程总投资5233万元，改造建筑面积约88万平方米，涉及9579户居民，每平方米改造成本平均约为60元。

宁夏各市户均改造成本　　　　　　　　　　　　　表2-3

城市	户均改造成本（万元）
银川市	0.77
石嘴山市	1.92
吴忠市	6.10
固原市	2.41
中卫市	3.72
合计	1.55

山东不同标准项目户均改造成本　　　　　　　　　表2-4

标准	老旧小区	户均改造成本
高标准	淄博市临淄区东高生活区	5.67万元
中标准	日照市莒县桃园南区	1.54万元
低标准	泰安市泰山区三友社区某宿舍楼项目	650元

从改造内容来看，各地老旧小区改造都以房屋修缮、基础设施完善、小区环境改善等为主，但也各有其特色。例如杭州的智慧社区改造将智能安防、大数据、人工智能（AI）等新技术融入老旧小区改造。其中武林门新村通过增加智慧门禁、人脸识别等功能提升了小区安防效率和居民出入便利性。又如京津冀地区的充电桩加装，北京通州区的华龙小区为了应对不断增加的新能源汽车充电需求，安装了充电桩并设立新能源汽车充电专门区域（图2-4）。还有北部地区城市的保温改造，黑龙江肇源县通过屋面保温防水、墙体外挂苯板、更换节能门窗等方式提升居民房屋抵抗严寒天气的能力。

这些差异性表明老旧小区改造应当是一项因地制宜的工作，需要结合各地区的经济地理特点和各小区自身条件进行具体分析，并结合老百姓的意愿需求来开展。

图2-4　北京通州华龙小区安装电动车充电桩
（来源：通州老旧小区迎来春天！充电桩2020年全覆盖！［EB/OL］.［2017-09-01］. https://www.sohu.com/
a/191053026_99961867.）

2.2　各地工作取得的实效

从调研情况看，通过开展城镇老旧小区改造，各地普遍取得了较好的工作成效，实现了环境效益、经济效益、社会效益等多方面的提升。

2.2.1　人居环境改善，设施功能提升

通过老旧小区改造，大部分小区设施短板得到弥补，人居环境明显改善，老百姓获得感、安全感、幸福感得到提升。从调研情况看，通过老旧小区改造，基础设施缺失、设施设备老化、建筑本体年久失修、配套服务不全等多种问题基本得到解决，污水外溢、垃圾乱扔、停车无序、私搭乱建等环境问题得到根治，小区居住基本功能得到保障，脏、乱、差的环境面貌得到改变，老百姓居住品质和生活质量得到较大提升（图2-5、图2-6）。

例如，内蒙古老旧小区经过改造后，建筑室温夏季平均降低4～5摄氏度，冬季平均提高5～6摄氏度，基本达到"房屋暖、排水通、路面平、路灯亮、功能全、环境美、管理优"的目标。重庆老旧小区改造不仅解决了小区的基础设施老化缺失、环境杂乱、道路不平、房屋不美观和停车不规范等问题，还通过增设无障碍设施、加装门禁系统以及建设社区服务中心、文化活动广场等服务设施，提升了社区生活的便利性、安全性和丰富性。

小区居民对于老旧小区改造普遍评价较好，对改造效果较为满意。例如，北

图2-5　淄博东高老旧小区整治改造情况

图2-6　济南燕子山小区老旧小区整治改造情况

京市通过第三方满意度调查得出：老旧小区综合整治在2015年得到91.9分，2017年和2018年得分都在96分以上。重庆市针对老旧小区改造进行了社区初步调查，结果显示：超过90%的居民认为老旧小区改造很有必要，95%以上的居民对老旧小区改造的总体评价是很好或较好。山东省开展的第三方机构绩效评价显示群众对老旧小区改造工作的满意度达到95%以上。

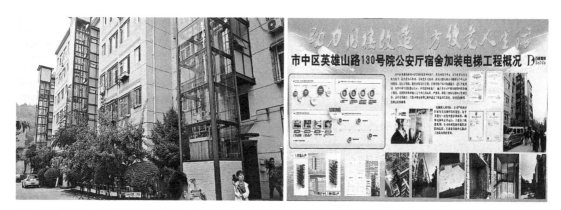

图2-7　老旧小区加装电梯对拉动投资、促进消费产生积极作用

2.2.2　居民房产增值，拉动消费投资

在调研中，各地反映大多数经过改造后的城镇老旧小区，一方面实现了居民房产的保值、增值，房屋交易价格和出租价格均有上涨，同时小区常住人口增加，房屋空置率下降；另一方面提升了消费需求，拉动了投资，改造后的小区水气电热以及通信、邮政快递等使用量增加，建材、室内装修、家居家电购买、物业管理、社区服务等需求增加，小区内及周边的商业、服务业经营效益有所提升（图2-7）。老旧小区改造不仅让老百姓得到看得见、摸得着的实惠，也是有效扩大内需的实事工程，对于新时期构建以国内大循环为主体的新发展格局具有重要价值。

例如，山东省反映，根据第三方机构绩效评价数据，改造后的老旧小区房价和租金都平均上涨约15%，常住人口增多，空置率下降。四川省成都市抽取172个已改造小区进行的抽样调查结果显示，改造后的小区房屋月租金均价由改造前的12.9元/平方米上涨到15.7元/平方米，增长了22%；二手房均价由改造前的8269元/平方米上涨到9983元/平方米，增长了20%。重庆市九龙坡区长石苑小区在改造后二手房价格由改造前的约7500元/平方米增长到约9000元/平方米，上涨了20%，并出现部分已搬出居民迁回小区的情况。内蒙古反映改造后的老旧小区水、电、气、热、信、邮等使用量有所增加，物业服务收费率提升，小区及周边的商业网点经营状况和业态得到改善。

2.2.3　物业管理拓展，基层治理提升

从各地调研情况看，改造后的老旧小区物业化管理覆盖面扩大，物业费收缴率有所提升，基于各小区实际情况形成了多元化的小区物业管理模式。与此同

时，通过开展老旧小区改造工作，基层治理能力和水平得到提升，社区居民共同参与、凝聚共识的机制渠道被打通，促进了共同缔造理念的实践。

例如，浙江省反映老旧小区经过改造后，实现了物业化管理面的拓展和党群、干群关系的密切化。在重庆，老旧小区实施改造后根据自身条件加强长效管理，有条件的小区引入了专业化的物业管理，不具备条件的小区则由社区组织居民进行自治管理。福建省、广东省、辽宁沈阳市、浙江宁波市、湖北宜昌市等在老旧小区改造中坚持"共同缔造"，通过党建引领，发挥党员先锋模范作用和街道、社区基层组织的作用，结合小区实际情况，鼓励倡导居民自发提出小区改造申请，让居民参与到改造方案制定、改造实施、工程质量监督、后期维护管理等全过程，初步实现了"决策共谋、发展共建、建设共管、效果共评、成果共享"和基层治理能力的提高。

2.3 地方实践有益经验

各地在开展城镇老旧小区改造工作中通过大量摸索和创新尝试，在组织保障、资金筹措、行政审批、长效管理等多个方面，形成了丰富、有益的实践经验，为以后的老旧小区改造工作提供了良好的借鉴和启示。

2.3.1 组织保障方面

1）建立工作组织保障机制，明确主体责任，实现部门合力

构建权责清晰的工作组织机制，明确省、市、区县、街道、社区等各级职责，强化各部门间协同合作（图2-8）。北京、天津、河北等12个省（自治区、直辖市）建立了"省级负总责，市县抓落实"的责任机制，明确和落实各方责任。福建省、安徽省、山东省等建立了"政府统筹组织，职能部门协调指导，属地街镇社区具体实施，社区协调推进，党员社区工作者志愿者和居民参与"的工作模式。石家庄、唐山、太原等25个城市在市区层面成立老旧小区改造工作领导小组，对相关工作进行统筹协调和督查考核，由政府负责同志任组长，住建、发改、财政、民政等相关部门共同协作，形成部门合力。

2）党建引领社区基层治理，发挥党员先锋模范作用

加强基层党组织建设，充分发挥基层党组织和党员的先锋带头作用，引领老旧小区改造工作（图2-9）。杭州、宁波、泉州等8个城市推动老旧小区成立党支

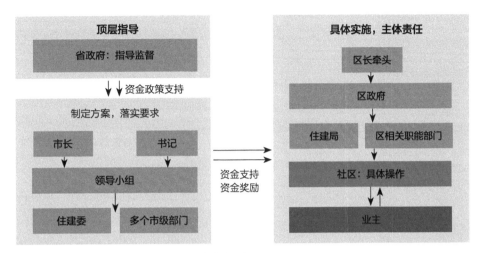

图2-8 浙江、天津等地老旧小区改造组织机制

图2-9 淄博市某老旧住宅小区党群服务中心

部,发挥基层党组织的政治优势和组织优势,通过基层党建引领老旧小区改造工作,动员社区居民参与其中。例如,浙江宁波市成立红色居委会和业委会,部分小区还成立功能性党支部,由这些基层党组织引领老旧小区改造工作,由党员带头引导社区居民自治,并制定出台了《党建引领协同治理推动住宅小区物业管理工作的实施意见》等政策文件。

3)充分发动群众参与,坚持共同缔造,凝聚各方共识

一是贯彻落实"共同缔造"理念,尊重居民意愿和意见,发动群众更多参与到老旧小区工作的全过程中。湖北、青海、宁夏、浙江、辽宁、重庆、福建等省(自治区、直辖市)在老旧小区改造工作中充分运用"共同缔造"的理念和方法,加大群众参与度。改造前充分征求小区居民意见,顺应老百姓的需求意愿,采用菜单式选择改造内容;充分发挥街道、社区居委会、基层党组织、网格员、居民代表、志愿者等组织和个人的沟通协调作用,通过公示栏、宣传单、问卷调查、电话问询、意见征集会、居民代表座谈会、微信公众号、微信群组等多种形式,

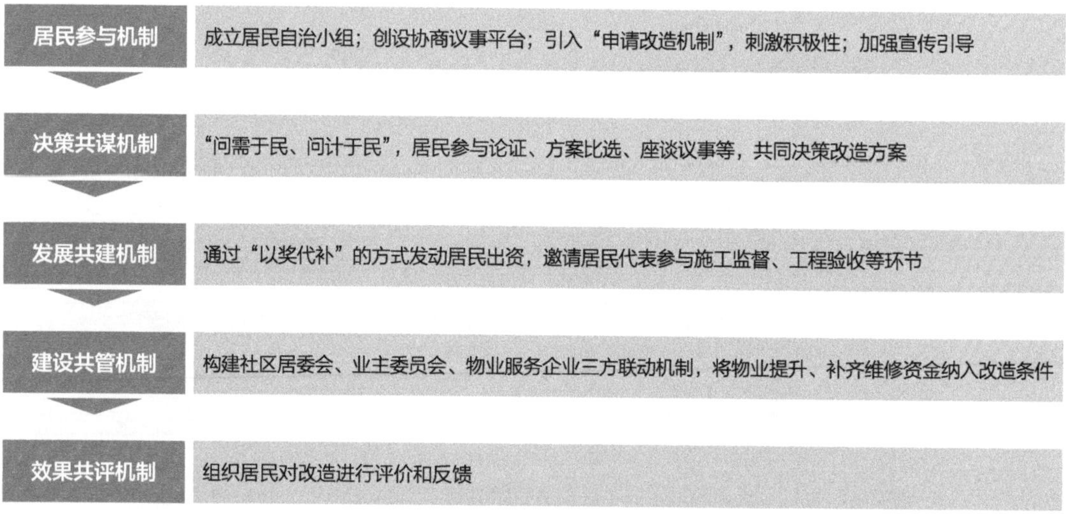

居民参与机制	成立居民自治小组；创设协商议事平台；引入"申请改造机制"，刺激积极性；加强宣传引导
决策共谋机制	"问需于民、问计于民"，居民参与论证、方案比选、座谈议事等，共同决策改造方案
发展共建机制	通过"以奖代补"的方式发动居民出资，邀请居民代表参与施工监督、工程验收等环节
建设共管机制	构建社区居委会、业主委员会、物业服务企业三方联动机制，将物业提升、补齐维修资金纳入改造条件
效果共评机制	组织居民对改造进行评价和反馈

图2-10　浙江建立老旧小区改造"共同缔造"机制

加大宣传力度并充分征集居民意见，获得居民对老旧小区改造的理解和支持，并调动居民的积极性和主动性，让他们更多地参与到改造工作中来（图2-10）。二是通过机制创新和探索，提高居民参与老旧小区改造的主动性和积极性。北京、宁波、厦门、宜昌4个城市将老旧小区改造项目从"任务制"转换为"申报制"，推动从"要我改"向"我要改"转变，对居民意愿强、群众基础好、业主参与高、出资比例高的老旧小区优先进行改造。各地区建立了各具特色的群众参与工作机制：上海市建立"三会制度""十公开制度"、市民监督员制度等多元化群众工作机制；秦皇岛市推行"五轮征询法"，广泛征求居民意见和建议；四川省采用"三问于民"工作法征询民意。

4）加强顶层设计，强化政策引导

通过制定、完善老旧小区改造相关政策标准，引导老旧小区改造工作更加合理、规范、有序开展。例如，河北省制定了《河北省老旧小区改造三年行动计划（2018—2020年）》和《河北省推进老旧小区改造工作方案》，对老旧小区改造工作的任务、方式、流程等进行了明确，并进一步出台《河北省老旧小区改造技术导则》，对改造流程和操作规范等进行细化，还针对消防安全、通信线路改造等重、难点问题制定了《河北省老旧小区消防设施改造技术导则》《河北省老旧小区通信设施改造导则》，以加强专项指导。湖北宜昌市加强政策引导，出台《宜昌市城区老旧小区改造试点工作实施方案》等12项制度标准文件。山东省出台《山东省老旧住宅小区整治改造导则（试行）》，明确了老旧小区改造组织实施的

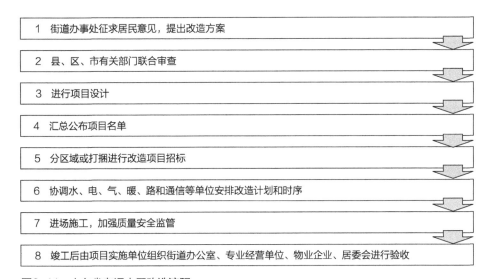

1	街道办事处征求居民意见，提出改造方案
2	县、区、市有关部门联合审查
3	进行项目设计
4	汇总公布项目名单
5	分区域或打捆进行改造项目招标
6	协调水、电、气、暖、路和通信等单位安排改造计划和时序
7	进场施工，加强质量安全监管
8	竣工后由项目实施单位组织街道办公室、专业经营单位、物业企业、居委会进行验收

图2-11　山东省老旧小区改造流程

8个步骤（图2-11）。

5）因地制宜制定改造方案，合理安排老旧小区改造计划

一是根据群众意见和小区具体情况，精准、合理制定老旧小区改造方案。例如，河北唐山市在改造中坚持"以群众需求为导向"，不搞"一刀切"，在充分征求群众意见的基础上通过"菜单式"确定改造内容，编制了《普通、精品、样板小区三级改造标准》，分类制定改造方案。贵州省在制定老旧小区改造方案时强调因地制宜，推行"一区一方案、一栋一个方案，一个楼门一个方案"的精准设计方式。二是合理、有序安排老旧小区改造分期实施计划和任务，不急于求成。新疆在对自治区老旧小区进行全面摸底调查的基础上科学制定老旧小区改造计划，结合居民意愿、小区条件、资金情况等多方面因素，统筹考虑老旧小区改造时序，按照"实施一批、谋划一批、储备一批"的原则，合理安排改造年度计划和任务，分期稳步实施。

6）加强规划设计引领，引入专业力量

强化规划设计在老旧小区改造中的引领作用，吸纳专业人才，提升改造工作技术水平。例如，浙江通过规划设计引领老旧小区改造，依据小区特色因地制宜编制"一小区一方案"，从社区整体角度进行系统优化，兼顾功能和特色。杭州在老旧小区改造中引入多家设计机构进行设计方案展示比选，还引入驻点社区设计师全程参与老旧小区改造。湖北武汉市组织设计单位对十余个老旧小区进行走访调研并开展老旧小区改造规划设计方案竞赛，湖北宜昌市探索推行社区规划师

图2-12 淄博市桓台县老旧小区提升改造方案公示

制度。山东淄博市桓台县编制老旧小区改造规划方案，并将改造方案及效果图在小区内公开展示（图2-12）。

7）建立完善考核机制，加强城镇老旧小区改造工作督导检查

一是建立老旧小区改造工作考核体系。天津市建立了老旧小区改造工作考核工作体系，综合市级考核评价、工程监督考核和民调机构考核评价三个方面进行考核（图2-13），每季度进行一次综合考核测评，并将结果通报各区政府，市政府对排在前三名的区给予专项资金奖励，充分调动了各区政府参与老旧小区改造工作的积极性和主动性。二是加强老旧小区改造工作监督，鼓励群众参与并搭建参与渠道。天津市各区政府选聘了两千余名社区监督员参与和监督老旧小区改造全过程，并通过社区监督员引导发动更多群众加入到老旧小区改造工作监督中。三是强化省级政府对市县政府的目标考核和督查通报，促进问题整改和经验交流。江苏、安徽省政府与各市签订年度老旧小区改造目标责任书，将其列入对各地年度考核的范围，按照责任书督促各地落实目标任务，并出台了老旧小区改造工作绩效评价办法。黑龙江、宁夏建立了老旧小区改造督查通报工作机制，定期对市县人民政府及相关部门就各地老旧小区改造工作情况进行通报，及时发现、

市级考核评价	工程监督考核	民调机构考核评价
监督各区改造项目的组织协调推动、既定任务完成、各类问题解决情况	考核各项目施工组织、安全管理、程序管理、工程进度、文明施工、环保施工落实情况	对居委会及社区监督员意见、群众满意度情况进行百分制测评

图2-13 天津市老旧小区改造考核工作体系

整改存在的问题，宣传推广先进有益经验，开展互查互学，确保改造效果。四是
通过智能信息管理平台构建等方式创新老旧小区工作管理模式。黑龙江还开发了
全省城市老旧小区改造信息管理系统对各地计划落实和项目进展情况进行管理。

8）探索综合改造模式，统筹片区整体改造

一是探索将老旧小区与相关整治改造工作结合起来一并进行综合改造，避免
二次改造扰民伤财。例如，湖北将老旧小区改造工作与海绵城市、绿色建筑、城
市双修等工作相结合，将雨污分流、弱电下地等作为可纳入老旧小区改造内容的
选项。陕西将老旧小区改造与"三供一业"移交改造相结合。陕西西咸新区将老
旧小区改造与"城乡环境大整治""四改两拆""拆墙透绿""四个美丽"建设和
"十个一"重点工程建设等工作进行统筹整合，形成《西咸新区建设品质城市推
动高质量发展三年行动》。二是通过片区统筹整合解决单个小区无法有效配套公
共服务设施的问题。山西、福建、陕西等地探索从片区层面统筹优化功能型设施
布局，打破小区分割，对片区内多个老旧小区进行整合，统一规划和实施，进行
成片区整体改造提升。西安市还采用设计施工总承包（EPC）形式开展老旧小区
改造，整合辖区内符合条件的小区进行统一招标，逐步实施。

专栏2-1　福建福州市鼓楼区老旧小区改造片区统筹经验做法

①"拆小院变大院"。结合实际，拆除打通相邻封闭小区围墙，拓展公共活动空间。如福寿巷沿
线西侧3个小区，通过拆除围墙、整合空间，增加花园式健身区、儿童活动区等户外活动场地80平方
米，增设了8个机动车位、电动车充电棚等。

②点线相连成街区。提升小区周边道路沿线景观，挖掘区域文化，点线相连形成特色街区。如通
过整治鳌峰新村、鸿业公寓等老旧小区，提升鳌峰坊沿线绿化景观，整合沿线业态，挖掘书院文化，
打造鳌峰坊特色历史文化街区。

③街巷互通成片区。将老旧小区整治与周边街巷整治、精准景观整治有机结合，连线成片。如
军门社区整治中，对周边东泰路实施精准景观整治，改造提升南营巷、横锦巷景观，拆除零星老旧房
屋，建设口袋公园。如今的军门社区文化活动中心、休闲活动空间等一应俱全，提升了小区品质。

2.3.2 资金筹措方面

坚持多方融资、共同承担，按照"谁受益谁出资""谁投资谁受益"等原则，通过居民、市场、专营单位、原产权单位、政府等多方筹资，用好专项基金，创新城镇老旧小区改造投融资体制机制。

1）倡导"谁受益谁出资"，强化居民出资责任

一是通过明确补助资金与居民出资的比例关系，鼓励居民多出资。例如，浙江宁波市出台《宁波市老旧住宅小区改造专项资金管理办法》，通过明确市级补助资金比例核定方法鼓励小区居民多出资。该办法规定，"小区居民出资占核定总投资的比例超过10%时，每增加1%，市级资金补助比例增加1%，最高增加10%；不到10%时，每减少1%，市级资金补助比例减少1%。"二是通过长期租赁付费等方式，引导居民为改造项目出资。例如，南京、南通等地与电梯企业合作，采用租赁式加装电梯模式，引导企业投资和居民付费。如在南通光明东村租赁式电梯项目中，电梯建设、维修保养资金由电梯公司出资，居民需按年缴付电梯使用租金，不同楼层租金价格不同①。三是明确居民出资的项目范围，拓宽居民资金来源渠道。山东淄博市临淄区要求主管网改造费用由专营单位负责，分户计量装置以内的管网改造费用、新入网的开口配套费、窗户更换费用等则由居民承担，老旧小区加装电梯可以申请提取住房公积金，此外还鼓励居民通过出物、出力等形式参与老旧小区改造。

2）基于"谁投资谁受益"的原则，积极引入社会资本

一是通过以奖代补等方式鼓励社会资本参与老旧小区改造。例如，江苏昆山市创新以奖代补资助模式以撬动更多社会资本，制定改造奖励标准，对于产权单位自发改造的项目，由政府通过评选下发奖励金，奖励金可覆盖成本的50%~70%。二是明确产权单位等在老旧小区改造中应负责出资的项目范围。辽宁、福建、贵州等地在老旧小区改造中明确设施产权，落实改造责任，由自来水、燃气、供暖、电力、通信等专营单位投资相应基础设施的改造。三是通过设施长期服务收费、拓展收费服务项目等方式吸引社会资本参与老旧小区改造。福州、淄博、沧州等市在老旧小区改造中，引入社会资本或专业机构建设安装停车场、充电桩、净水机、电子信报箱、室外活动场地等公共服务设施建设并通过服

---

① 南通首批租赁式加装电梯拿到许可证！一年最低375元 [EB/OL]. [2019-11-01].
　https://baijiahao.baidu.com/s?id=1650774822247615310.

务收费回收投资。吉林珲春市采用政府与社会资本合作模式（PPP）引入社会资本，通过改造、服务一体化方式，让改造单位成立物业服务公司为小区提供物业管理服务，部分物业公司还通过开发App搭建多渠道商业平台，向零售、家政、维修等方面拓展物业服务内容，为居民提供多样化、便利性生活服务的同时增加收入来源。四是争取原产权单位等主体的改造资金支持。宜昌市在农行小区、红光小区等小区改造中争取到原产权单位887万元的改造资金支持。

3）加强金融支持力度，激发市场主动性

目前这方面的尝试还相对薄弱，尚处在初步探索阶段，以优惠信贷、地方债券等方式为主。例如，杭州对接中国工商银行、中国建设银行等金融机构，探索以优惠信贷政策引导市场主体参与老旧小区改造。南昌市西湖区与国家开发银行对接合作，将老旧小区改造项目与棚户区改造项目打包捆绑以申请政策性贷款。天津滨海新区在30个老旧小区的供水管网改造中，将供水国企作为借款人，并将自来水销售收入、建设施工利润等综合收益作为还款来源，争取到中国农业发展银行5550万元的信贷支持。吉林长白县采用地方债券投资老旧小区改造。

4）用好专项基金，完善住宅专项维修基金

一是明确老旧小区改造使用维修基金的要求和方式。贵州省提出符合住房公积金、住宅专项维修资金规定使用范畴的老旧小区改造项目，要充分利用专项基金。江苏省发挥政策的支持导向作用，2014年制定的《江苏省住宅专项维修资金管理办法》对老小区整治改造使用住宅专项维修资金的问题作出了相关规定。二是处理老旧小区维修基金缺乏等问题。上海针对不同房屋类型制定相应办法，以解决住宅专项维修资金不足等历史遗留问题：对商品房按"业主出资为主，政府补贴为辅"的原则补充维修资金；对售后公房按"市区结合、共同承担、一次补足"的原则进行补足。

5）加强资金统筹协调，积极争取相关资金

一是通过片区统筹，为片区内老旧小区改造筹集资金。邢台市通过实施"大片区"改造，从大片区土地出让收益中统筹解决老旧小区改造的资金问题。二是争取相关项目资金并整合运用到老旧小区改造中。唐山、张家口、大同、宜昌等市将老旧小区改造与既有建筑节能改造、"三供一业"、棚户区改造等相结合，积极争取相关资金并整合运用到老旧小区改造中。例如，内蒙古将申请到的国家、自治区既有建筑节能改造资金按1：1的比例与当地老旧小区改造资金捆绑使用。杭州、宁波、福州、厦门、泉州等市整合不同条线涉及小区的项目和资金，统筹进行改造，避免重复建设。例如，宁波市提出"最多改一次"的目标，整合改造资金和项目，并出台了《关于开展社区更新项目（资金）整合工作的实施意见》。

6）发挥财政资金引导作用，支持保障老旧小区改造

通过财政资金奖补撬动下级财政、社会和居民投入老旧小区改造。例如，山东省省财政在2015～2019年发放老旧小区改造奖补资金22.9亿元，截至2018年年底已带动市、县两级财政投入约50亿元补助资金。湖北宜昌市出台了《宜昌市城区老旧小区改造以奖代补资金使用管理暂行办法》，将市财政奖补金额与区级财政投入按一定比例挂钩，撬动区级财政投入。

2.3.3　行政审批方面

通过压缩流程、权限下放、联合审批等方式简化行政审批程序、缩短审批时间。例如，北京市城镇老旧小区改造项目由区政府同意后可直接实施，无需办理规划审批手续，工程建设审批权下放到区并简化了建设工程招标条件。湖北宜昌市对既有住宅加装电梯程序进行简化提效，开展"一窗受理、联合审批"。浙江宁波市在老旧小区改造审批中简化程序，只保留项目建议书、项目初步设计审批、建筑工程施工许可、建设工程档案验收、竣工验收备案等环节，将审批时间由最多100天压缩到了20个工作日。西安市老旧小区加建电梯试点只需规划部门审批，加快了改造进度。

2.3.4　长效管理方面

1）明确物业管理模式

探索多形式物业管理模式，实现老旧小区管理全覆盖，根据小区具体情况因地制宜地选择适宜的物业管理模式。北京、石家庄、厦门、咸阳等多个城市探索了多种物业管理模式，根据小区基础设施状况、产权情况、小区规模、居民生活水平等，明确物业企业管理、产权单位管理、社区保障管理、业主自治管理等不同管理方式。例如，陕西咸阳市对基础设施较完善、居民生活水平较高的老旧小区，引入专业化物业管理；对居民收入水平较低的小区，采用以保障小区清洁卫生和治安秩序等基本社区服务为主的基本物业服务管理；对规模小、分布零散的老旧小区，则与相邻的小区进行合并，由一家物业公司管理并提供差异化服务。福建厦门市还通过吸纳热心业主、成立小区自治组织的方式建立了居民自管模式。此外，广西柳州市通过"改造+运营"模式，让老旧小区改造的实施主体——柳州市新泰房地产经营开发有限公司在改造完成后继续负责小区的物业管理（图2-14）。

图2-14 广西柳州市箭盘新村老旧小区改造调研情况

2）健全协商共管体制机制

建立完善多方协商共管机制，形成合力，提升老旧小区长效管理水平。例如，石家庄市形成老旧小区居民委员会、业主委员会和物业服务企业"三位一体"共同管理模式；山东省则建立了党支部、社区居委会、业主委员会和物业服务企业"四位一体"社区管理机制，对小区事务进行协调共商；湖北宜昌市还鼓励社区"两委"班子与业委会、物业公司"双向进入、交叉任职"，推动小区管理工作有机融合。

3）完善管理政策机制，发挥政策支持导向作用

一是建立健全老旧小区长效管理相关政策法规，细化完善相关规定。例如，安徽省在2017年发布《关于进一步加强物业管理扎实推进民生工作的通知》，要求各地建立"四位一体"的物业管理议事协调机制，并对改造后的小区按条件实施分类管理。《江苏省物业管理条例》对老旧小区改造中增设物业服务经营性用房、改造费用划分、增设电梯等问题作出了相关规定。二是通过补贴奖励等方式，扶持部分老旧小区的管理工作。例如，常州市政府每年安排一定的资金对老旧小区管理工作进行补贴，给予进驻老旧小区的物业企业10万元启动经费，并且从2007年起按0.1元每月每平方米的标准发放补贴经费。宁波按照0.15元每月每平方米的标准"以奖代补"，对物业服务符合标准的老旧小区给予资金奖励。

2.4　面临的主要问题瓶颈

在调研过程中各地反映开展老旧小区改造工作还存在诸多问题和挑战，在改造标准、多方协商、政策法规、资金筹措、长效管理等方面尚未形成成熟、完善的方法机制，推进全面、可持续的老旧小区改造工作仍面临较多瓶颈和阻碍。

2.4.1　对象范围认定不一

由于地方财政状况有差别、小区基础条件不同等原因，各地对老旧小区改造的对象范围认定不一，主要依据建筑建成年代、产权属性、群众改造意愿等界定改造范围。

从建筑建成年代看，本次调查的省级行政区及新疆生产建设兵团中有26个对纳入改造范围的老旧小区建成年代有明确要求：其中天津、河北、辽宁、黑龙江等省级行政区规定为2000年以前建成；北京从2017年以起规定为1990年以前建成；四川规定为2004年以前建成；重庆规定为1997年（直辖）以前建成；内蒙古规定为2017年以前建成；陕西规定建设时间为1970～1990年；吉林、浙江则允许将2000年以后建成、配套设施不全、群众改造意愿强烈的住宅小区纳入改造范围（表2-5）。

从产权属性看，大部分地区对房屋产权没有明确要求，但部分地区提出了具体要求。例如，内蒙古要求须为企事业单位的产权住宅小区，湖南要求须为非商品房和非个人集资房小区，甘肃要求以"三不管"楼院、房改房和破产国有企业职工家属小区为主。此外，黑龙江、山西、安徽、山东等地明确有规划纳入棚户区改造、征收拆迁计划的小区和城中村等不属于老旧小区改造范围。

从群众改造意愿看，内蒙古、上海等16个省级行政区和新疆生产建设兵团将居民改造意愿强烈作为认定条件之一；江苏、广西优先安排社区组织能力强的小区实施改造。此外，内蒙古、云南、贵州、上海规定，所涉及文化街区和历史建筑等，要坚持"修旧如故""原汁原味"的保护性修缮。

各地老旧小区改造对象认定标准往往不能完全覆盖需要改造的小区，导致许多有改造需求的小区无法得到及时修缮提升。例如2000年以后的棚户区改造安置住房等保障性安居工程中有不少设施缺项多、功能不完善，需要改造；而前些年已改造过的老旧小区中依然有不少新的需求无法满足。

部分地区老旧小区改造对象年限规定　　　　　表2-5

地区	改造对象年限
北京	1990年前建成
天津	2000年前建成
河北	2000年前建成
山西	2000年前建成
内蒙古	2017年10月前建成
辽宁	2000年6月前交付使用
吉林	2000年前建成及2000年后经评估确实急需改造的小区
黑龙江	2000年前建成
上海	—
江苏	2000年前建成
浙江	2000年前建成的老旧小区，2000年后建成的部分保障性安居工程小区
安徽	—
福建	2000年前建成
江西	2000年前建成
山东	2000年前
河南	2000年前
湖北	2000年前
湖南	2000年（含）以前
广东	2000年以前
广西	2000年以前
海南	—
重庆	1997年前
四川	2004年（含）以前
贵州	2000年以前
云南	建成使用年限20年以上
陕西	建设时间为1970~1990年
甘肃	—
青海	—
宁夏	2000年以前
新疆	2000年以前
新疆生产建设兵团	2000年（不含）以前

小区内部环境   小区平面影像图

图2-15　某小区空间紧张，难以植入停车等服务功能

2.4.2　改造内容相对基础

目前大多数老旧小区改造的内容还比较基础，集中在市政配套设施、房屋本体改造、小区环境提升、加装电梯等方面，公共服务设施的植入较少。具体来看，各地都要求改造提升市政基础设施、修缮建筑物本体、提升环境，河南、湖北、湖南、广东等15个省级行政区还明确要拆除违法建筑。在完善公共服务设施方面，上海、浙江、山东、广东、贵州、山西、黑龙江等省级行政区提出了相关要求，但实际落地的不多。例如，广东省提出在有条件的小区建设"公共服务站""长者饭堂""社区图书室"等，维修完善人行安全设施、无障碍设施，建设社区养老服务设施。

一方面，老旧小区普遍存在养老、托幼、停车、便民市场等公共服务设施缺项严重问题。调查中有14个省级行政区反映公共服务配套不全，公共设施落后影响居民基本生活。另一方面，受场地、资金、规划、不动产登记等多方面问题的影响，很多老旧小区改造内容不全，尤其是居民生活便利性需求尚未得到满足。例如，江苏省反映，老旧小区在停车设施、管理和活动用房等方面往往缺失或规模不足，但由于老旧小区建筑较为密集，且部分存在违建情况，新增服务设施的空间限制较大（图2-15）。

在老旧小区改造中能激发市场活力、带动消费投资的往往是停车场、养老等有现金流的公共服务设施改造项目，而目前公共服务设施改造不足导致市场参与老旧小区改造的积极性不高。

2.4.3　群众意见不易统一

老旧小区通常居民成分较为复杂，低收入群体多，改造牵涉面广，居民改造

高层住户加装电梯意愿强烈

小区内已有电梯住户不同意，认为不公平

一楼住户不同意，担心安全和采光

部分高层住户也不同意，因为高层分摊费用较高

图2-16　不同住户对加装电梯意见不一

需求各不相同，可谓"众口难调"，利益平衡难度较大。

例如，在老旧小区加装电梯过程中，由于不同楼层业主需求不尽相同，需要做大量协调工作，仍难以达成共识（图2-16）。一楼住户常因为担心安全、采光等问题反对加装，部分高层住户可能因为高层分摊费用较高而不同意，此外已有电梯的楼栋住户可能认为不公平，也不同意。再如，一些地方希望对多个老旧小区通过拆墙并院的方式实现空间拓展、设施共享和统一管理，但是由于不同小区的所属单位、环境品质、停车位数量、住户收入等存在差异，部分小区居民可能担心自身利益受损而不愿意与其他小区合并。此外，许多老旧小区居民对于拆临拆违不理解、不支持，工作开展难度大。老旧小区改造中许多问题的核心还是利益分配问题，要解决这些问题需要更加精细的利益分配机制设计和更高水平的群众工作。

与此同时，很多老旧小区基层党建力量薄弱，基层党组织和党员的带头作用没有充分发挥，"共同缔造"活动尚未全面启动，不利于老旧小区改造的推动。已开展的老旧小区改造大多为政府主导、住建部门承办的工作模式，"政府干、群众看"的现象比较普遍，没有充分发动群众参与到老旧小区改造中。

2.4.4　资金来源相对单一

目前老旧小区改造资金主要以政策财政资金投入为主，居民的直接出资占比很低，市场的参与较少，居民、社会、政府多方参与老旧小区改造机制尚未真正形成。例如，在各地老旧小区改造工作中，湖北宜昌市政府出资占79%，社会（原产权单位）出资占17%，个人出资占4%；青海西宁市省级补助占56%，区级补助占39%，居民自筹占5%；河北省财政出资占87%，社会出资占9%，居民出资占4%。辽宁、上海、安徽、福建等15个省级行政区提出老旧小区改造投资营利的模式尚未建立，社会资本参与的动力不足。

这样的改造资金构成模式造成政府财政压力较大，地方债务风险较高，改造资金可持续性差。在调研中各地均反映地方财力有限，老旧小区改造资金缺口较大。例如，内蒙古、辽宁、吉林、黑龙江等15个省级行政区反映，市县财力困难，配套资金不足。

老旧小区改造资金来源单一，财政依赖度高，是多方面原因造成的。首先，大多数老旧小区没有维修基金，房屋及设施水平普遍较低，基础管理条件差，困难住户多，居民支付能力不高。其次，在市场层面，投入老旧小区改造的资金回报率较低，对社会资本的吸引力不足，许多项目没有找到合适的投资营利模式。此外，资金统筹利用还存在一些制度阻碍。例如缺乏统筹改造资金的平台和机制，无法有效统筹使用多部门、多渠道、多主体的老旧小区改造资金；又如金融资金如何应对老旧小区主体多、内容散、还款来源有限等问题尚未解决。

2.4.5 实施改造协调困难

首先，老旧小区改造内容涉及相关政府部门较多，在统筹规划、专项资金使用上，与民政、教育、卫计、体育等部门的联合统筹力度尚需进一步强化（图2-17）。

其次，水、电、气、暖、信等基础设施是老旧小区改造的基本内容，但涉及权属部门多，协同施工难度大，难以做到同步实施，易产生重复建设等问题。尤其是电网、联通、移动、电信、铁塔等专营单位属于中央企业，地方往往难以协调。例如，杭州市西湖区上马塍社区因为管线单位协调难，加装电梯共耗时16个

政府部门	相关企业	相关项目
住建	国家电网	暖居工程
发改	中国电信	海绵城市
财政	中国联通	地下管廊
民政	中国移动	黑臭水体
工信	铁塔公司	背街小巷
教育	电梯公司	未来社区
体育	物业公司	雪亮工程
……	……	……

图2-17 老旧小区改造涉及需协调的内容

月，居民产生较大不满。

此外，补充完善停车场、活动场地、养老、托幼等公共服务设施往往需要突破小区范围，从更大的片区尺度进行统筹考虑，而对大部分地区来说，在更大范围内协调公共服务设施建设尚没有明晰的路径，阻碍较大。

2.4.6 政策法规不相适宜

我国尚未出台专门针对改造类项目的法律、法规、标准体系，目前的相关法律法规、标准规范体系、工程建设项目审批制度等主要适用于新建项目，对老旧小区改造而言存在较多不相适宜之处。

老旧小区通常产权主体较多，《物权法》和《物业管理条例》相关规定使得改造前置要求高，服务企业受益缺乏法律依据。例如《物权法》和《物业管理条例》规定，小区公共用房收益归全体业主所有，并且改造方案需要2/3业主同意，使得社会资金较难参与小区改造。此外，当前的金融、投资、财政、税收、用地等政策体系，也不适应老旧小区改造的需要。实践中大多采取一事一议的处理方法来规避相关制度的阻碍。

目前我国尚未形成具体针对城镇老旧小区改造的技术规范和投资定额标准。由于城镇老旧小区建设年代久远，建设时的消防、节能、结构、配套设施、抗震设计等方面的技术标准规范与现行标准规范差异较大，若按现行要求对其进行改造，将难以遵循现行设计、施工和验收等标准规范要求和审批验收要求。例如，在老旧小区改造中为了完善设施配套、提升小区环境，需要在规划退道路红线、退用地边界、最小建筑间距计算等方面突破现行标准规范的相关规定。

目前我国老旧小区改造项目还存在审批程序复杂、耗时较长的问题。根据相关法律政策规定，老旧小区改造工程一般都需经过项目立项、建设工程规划许可、竣工验收备案、财政评审等程序，涉及多个相关部门。但与此同时，许多老旧小区缺乏土地使用、用地规划等手续，施工许可等多项审批无法顺利完成。2000年以前建成的老旧小区中有部分无产权单位、无物业管理、无业委会的"三无小区"存在基础资料缺失、手续不全的问题，难以完成前期申报手续，导致部分老旧小区无法纳入改造申报范围。

2.4.7 长效管理不易落实

许多地方在推进老旧小区改造的过程中"重建设、轻管理"现象比较突出，忽视长效维护管理机制建立，使得一些小区改造完成几年后环境便回到以前脏乱差的状态，改造后的效果得不到长期保持。

这一方面是由于老旧小区物业服务的市场机制尚未充分建立，大部分老旧小区规模小而矛盾多，难以产生充足的经营项目和利润，导致物业公司普遍不愿意进入或无法长期运营。

另一方面，许多老旧小区原来是开放式、集体产权的，居民习惯于单位管理和无偿服务，"等、靠、要"等老观念根深蒂固，缺乏"共同缔造"理念，服务付费意识淡薄。在小区由单位制基础上的治理向物业公司管理转变后，一些居民不习惯、不愿意或无力承担物业费用，物业费收缴难。

2.5 小结与思考：构建系统的顶层设计和闭环的运行机制

目前我国老旧小区改造取得初步成效，并形成了许多有益的地方实践经验，但同时改造工作中还面临很多问题和瓶颈，在未来的改造工作中需要解决和突破这些阻碍才能使得老旧小区改造工作顺利有效、可持续地开展下去。各地应当结合地方经验和建议，构建系统的顶层设计和闭环的运行机制，优化完善工作组织、规划设计、资金筹措、利益协调、行政审批、政策法规、长效管理等多方面政策机制，推动老旧小区改造工作更好地开展。

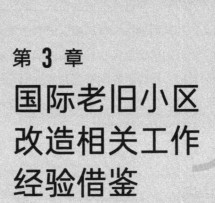

第 3 章

国际老旧小区
改造相关工作
经验借鉴

《国务院办公厅关于全面推进城镇老旧小区改造工作的指导意见》（国办发〔2020〕23号）发布之后，全国各地加快了城镇老旧小区改造的步伐，相关实践取得了显著成效，但在制度机制、资金来源、市场参与以及群众意愿协调等方面有待进一步提升。国际上许多发达国家城镇化起步较早，社区更新亦走在前列，本章分析了新加坡、日本、英国、美国、韩国、德国、荷兰、法国8个国家在老旧小区改造方面的经验，以期为我国今后的老旧小区改造工作提供借鉴。

欧美国家的大规模内城旧区改造多兴起于1960~1970年代，在城市更新理念以及各项保障机制上均取得了很好的成果。例如，英国的城市更新在经历了"政府主导—公私合作—社区参与"三大阶段后，在老旧住区的改造中逐渐形成了"多方互助合作"的社区治理模式；美国对于资金问题给予了多样化公共融资激励措施；德国创新城市更新的机构组织——开发公司，呈现出分权化、扁平化、多元化的特征，具有很好的参考价值；法国在老旧街区改造工作中通过"立法保障"和"项目评估"为大规模展开生态街区的建设提供了法律支撑；荷兰则采取了分类施策、渐进式的更新模式，既注重物质环境更新，也重视社会融合与经济带动。在亚洲地区，新加坡以国有土地为主，其三级社区治理体系与我国相似，具有很好的借鉴意义；日本的老旧小区在空间形成及其所面对的社会课题方面与我国类似，出台了刚性管控与弹性引导结合的法规政策，形成了多样化的激励和补偿政策；韩国围绕"城市再生"理念形成了比较完备的城市改造制度体系，并进行了社区营建的实践。

3.1 新加坡

新加坡自1959年自治以后，推行"居者有其屋"计划，建造了大量的公共住宅以解决当时严重的房荒问题。但由于当时建设资金有限、建造时间紧张，大量的公共住宅仍不能满足居民日益增长的各方面需求，亟须更新。新加坡建屋发展局（HDB）自1990年以来开展了一系列的社区更新计划，极大地改善了老旧社区的居住环境，解决了相关社会问题[1]。

---

[1] 贾梦圆，臧鑫宇，陈天. 老旧社区可持续更新策略研究——新加坡的经验及启示［C］//中国城市规划学会，沈阳市人民政府. 规划60年：成就与挑战——2016中国城市规划年会论文集，2016：331-340.

3.1.1 产权明晰是前提

新加坡以国有土地为主，政府在土地规划、出让、管理上拥有绝对话语权。1966年颁布的《土地征收法》规定，政府出于公共利益的需求可强制征地，并将赔偿款限定在较低水平，保障政府低价获取大量土地。国有土地占比从1960年的44%快速上升至2006年的87%。住宅以政府供给的组屋为主，截至2020年，有78.7%的新加坡人居住在组屋（相当于我国的经济适用房）（图3-1）。由于住宅所有权与使用权分离，住宅持有者的产权仅限于住宅套内面积，没有公摊面积，其对于公共空间的更新在法理上并无干涉权力，并且政府对组屋的买卖、出租、室内装修等均有严格的控制管理，这是新加坡在老旧小区改造中推进比较顺利的重要原因。

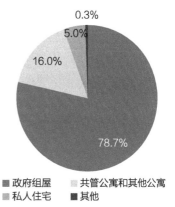

图3-1 2020年新加坡各类住宅居住人口数量占比
（来源：新加坡统计局，https://www.singstat.gov.sg/publications.）

3.1.2 改造目标包括物质空间改善和社会融合

新加坡一系列社区更新计划的主要目的是缩小新、旧组屋差距，提升旧组屋的物质性和社会性价值。具体包括以下几个方面：第一，提升住宅安全性，如更换电梯、修复混凝土剥落等；第二，提高住宅品质，如更新或增加运动场、步行道，厨卫空间重新设计等；第三，适老化目标，如安装扶手、入口坡道，增加老年活动场等；第四，绿色化目标，重视老旧小区节能改造，一是屋顶绿化，二是可再生能源利用，如光伏发电系统安装、节能灯更换、屋顶雨水收集等；第五，风貌特色保护，针对特殊地段房屋，注重对原有社区的文化、历史、风貌特色的保护与延续，对门窗形式、外墙材质色彩、外遮阳篷以及加建等均有详细规定；第六，公众参与、社会融合，维系居民的社会关系和共同情感，通过市政厅会议、对话会谈、楼栋聚会、小型展览和社会调查等方式鼓励公众参与，在观念上强调"社区更新"，而非"住区更新"[①]。

---

① 张天洁，李泽. 优化住宅存量下的新加坡公共住宅翻新［J］. 建筑学报，2013（3）：28-33.

3.1.3 市镇—社区—住宅三层级更新体系

新加坡构建了市镇—社区—住宅三层级的更新体系,将老旧小区改造融入整个城市更新体系内。

市镇层面,工作重点在于优化土地使用,改善道路系统、慢行系统、开放空间系统、商业设施、公共服务设施等,加强老旧小区的可达性,整合破碎的存量资源,并对既有的老旧小区改造方式和改造目标进行分类,指导下一层级的社区更新规划的制定。具体包括"部分街区重建计划"和"再创我们的家园计划"等更新计划。

专栏3-1 "再创我们的家园计划"中的大巴窑区域更新策略

大巴窑(Toa Payoh)区域是新加坡首个由建屋发展局规划发展的卫星镇,未来的主要发展任务为建造新组屋单元、更新步行街和民众广场,打造更多绿色空间和无障碍设施以及开辟艺术与历史角落等。大巴窑地区的具体振兴计划为:点燃镇中心活力;发展新住宅区,为市镇注入新生力量;改善公共空间以提升社区凝聚力;发扬大巴窑的丰富历史文化;改善大巴窑环路;提升市镇之间的互联性。

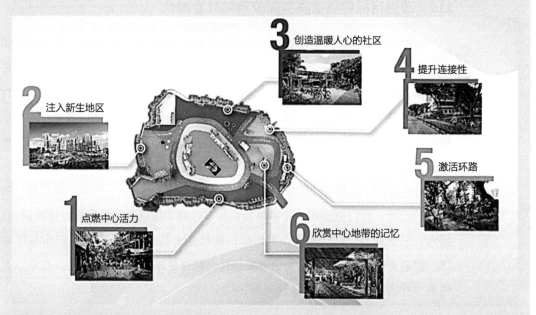

大巴窑(Toa Payoh)地区改造指导策略
(来源:大巴窑 [EB/OL]. [2021-06-01]. https://www.20.hdb.gov.sg/fi10/fi10349p.nsf/hdbroh/toa-content.html.)

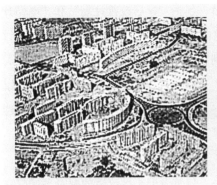

1970年代的大巴窑
（来源：大巴窑［EB/OL］．［2021-06-01］．
https://www20.hdb.gov.sg/fi10/fi10349p.nsf/
hdbroh/toa-content.html，2021.）

2010年代的大巴窑
（来源：大巴窑社区指南［EB/OL］．［2021-06-01］．https://
goodmigrations.com/city-guides/singapore/toa-payoh，2021.）

社区层面，工作重点在于改善社区的公共空间环境，如健身场地、门廊通道、遮阳篷、步行道、绿色化改造等，包括"主要翻新计划""邻里更新计划"等更新计划（图3-2）。

图例

① 有盖连道
　a.改造后的有盖连道 / b.新乘客上下车处
② 儿童游乐场
③ 成人健身处 / 角落
④ 乐龄健身角落
⑤ 社区花园
⑥ 羽毛球场 / 藤球场
⑦ 走道 / 健身步道
⑧ 有座位的广场
⑨ 现有的连道
⑩ 设有照明和座位的绿化景观区
⑪ 小区标识
⑫ 广告架
⑬ 方向标牌
⑭ 组屋底层休闲区
⑮ 居民休闲角落
---- 更新计划界线
N 新
R 改造

图3-2　BLKS街区邻里更新项目规划图
（来源：邻里更新项目［EB/OL］．［2021-06-01］．https://www.ahtc.sg/nrp.）

住宅层面，工作重点在于住宅本体改造，包括"家居改善计划"和"电梯升级计划"等更新计划。"家居改善计划"包含必要项目、可选项目和适老化项目三项：必要项目主要涉及公共卫生、安全问题以及技术问题，是必改项，由政府出资，类似于我国的"基本类"改造内容；可选项目和适老化项目可根据不同家庭的需要进行选择，每户家庭需要负担5%～12.5%的费用，类似于我国的"完善类"改造内容。适老化项目单独设立是为了方便居民单独申请，降低适老化改造门槛。

我国目前尚未构建系统的城市更新体系，导致老旧小区改造的视野多局限在老旧小区本身，与周边城市空间脱节。

3.1.4 构建可持续的改造和维护机制

新加坡建屋发展局建立了小区的动态维修更新机制。对于公共住房小区，政府提供补贴进行全方位的翻新整治，严格按照周期来实施。政府规定每5年对整幢楼房的外墙、公共走廊、楼梯、屋顶及其他公共场所进行一次维修，所需资金"政府出大头，居民出小头"；每7年进行外墙粉刷维修，更新加压泵；每14年进行屋顶更换；每15年进行中央垃圾处理系统和水箱更换；每20年进行电缆线路更换；每28年进行电梯大修或更换。对于私人业主住宅，明确由业委会决定翻新时序，业主不得拒绝并应承担全部费用。若私宅存在安全隐患，则由政府发出指令强制要求其进行维修和翻新，费用全部由私宅业主承担（业主一般已经交纳维修基金，改造由业委会执行，从维修基金中支付费用）[①]。

另外，新加坡政府通过预留小区管理资金支持小区的后期维护。新加坡政府对社区工作高度重视，不仅投入大量资金用于大规模翻新组屋，解决基层社区的用房和服务设施，同时还为社区的中介组织、福利机构提供50%的运营经费。具体来讲，政府每年会在预算中预留部分资金，以弥补小区公共管理部分赤字，同时在房屋运转利润中留存部分作为小区管理资金，维护小区改造成果[②]。

---

① 黄春明. 借鉴新加坡经验 保证城市持续更新 [N]. 珠海特区报，2014-04-27（8）.
② 刘锋. 我国老旧小区有机更新中的权属问题 [J]. 中国房地产，2016（15）：75-80.

3.2 日本

21世纪以后，日本进入了少子高龄化社会，住宅空置、适老性差以及年轻人口流入不足导致了早期开发的小区开始衰落，通过更新改造来活化老旧小区成为施政的紧要课题。为此，日本政府提出了一系列促进老旧小区更新改造的政策措施，并取得了一系列成果。

3.2.1 多管齐下降低改造门槛，激发改造积极性

适当放宽业主集体决议标准。日本通过对《都市再开发法》进行改革，将原有土地所有者全体同意的决策条件放宽为2/3以上的土地所有者同意就可进行开发。决议标准的放宽大大提升了基于该法的"街区再开发"改造方式在城市更新以及老旧小区改造中的作用。

创建"业主自主更新""公寓土地一次性出让制度"等简便模式，降低改造难度。《区分所有法》中规定的公寓住宅在更新改造时业主只能和开发商各自签约，程序繁琐。为促进老旧小区的更新与改造，日本政府在2002年发布《公寓重建法》作为对《区分所有法》的补充。新增了"业主自主更新"和"公寓土地一次性出让制度"两种更新改造模式，简化了更新改造的程序。

关联法规适当放松"容积率"要求，调动市场积极性。日本《建筑基本法》中的综合设计制度规定，在满足整备公共空地来提升周边环境的条件下，对项目实施"容积优惠"，既起到了提升环境的作用，也通过容积优惠调动了市场的热情（图3-3）。《建筑基本法》中的同一区域综合设计制度规定，一定区域内的2个及2个以上的建筑物，在其相互关系合理且在结构安全、防火、卫生等方面达标的前提下，可将其视为同一地块计算总体容积率。在更新改造项目之中运用该制度是新建住房消化住区剩余容积的一种常用操作手法。

3.2.2 多样化、因地制宜的改造方式

为契合居民和市场需求，日本采取了因地制宜且多样化的老旧小区改造方式。

"土地出让型"即前文提到的"公寓土地一次性出让制度"，基于《公寓重建法》的土地出让机制，实现业主卖地得钱。该制度制定了容积率优惠机制，但需满足整备公共空地、具备防灾功能、提升景观效果等要求。该类型只适用

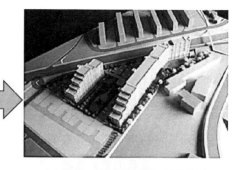

改造前住宅指标
建筑密度20%，容积率0.5

地区计划：建筑密度50%，容积率1.0
（第一种中高层居住专用地块）
施行再建住宅部分容积率1.5

图3-3 町田山崎住宅容积率提升方案
（来源：町田市木曽山崎住宅区研讨会.町田市木曽山崎住宅区建设的检讨报告书［R/OL］.
2012.http://m-saisei.info/tatekae/enkatsukajirei/ta_jirei_24.html.）

于产权房。

"自主更新型"基于《公寓重建法》，由业主委员会自主进行老旧小区更新，该类型只适用于产权房（图3-4）。

"资产活用型"指个人业主或公租房运营机构，通过在更新改造时出让一部分小区土地或者楼面来筹集更新改造资金，该类型适用于产权房或公租房。

"综合配套型"指在老旧小区更新改造时，除了住宅的提升，更引入养老院、托儿所、医疗机构等生活支援设施以完善周边公共设施配套，该类型适用于产权房或公租房。

"修缮提升型"指通过加装电梯、淋浴间、扶手、升级管网等修缮方式来提升老旧住宅的品质，该类型适用于产权房或公租房。

3.2.3 多元的资金来源，避免政府大包大揽

政府补助关键节点，助力老旧改造顺利推进。日本通过"防灾街区整备事业""住宅地区改良事业""优良建筑物整备补助"等支援补助性政策手段，对"防

图3-4 谷中地区老旧社区"自主更新型"改造
（来源：樊星，吕斌，小泉秀树. 日本社区营造中的魅力再生产——以东京谷中地区为例［J］. 国际城市规划，
2017，32（3）：122-129.）

灾整备地区""不良住宅地区"以及不符合抗震标准的住宅建筑物等急需更新改造对象的关键节点进行补助，主次分明，不大包大揽。这在有效推进老旧小区更新改造的同时，节约了宝贵的财政资金。

金融创新，开发新型贷款模式，深挖市场潜力。日本通过金融创新，开发多种新型贷款模式，深度挖掘住房金融市场潜力，助力老旧小区改造。如"长期低息房贷""老年贷""买房装修一体贷"等。"老年贷"向老年人提供住房贷款，每月只需还利息，在老人去世后银行卖出其抵押房屋或者由子女来偿还本金；"买房装修一体贷"是一种可用于房屋装修的贷款。

3.3 英国

英国城市社区改造与治理起源于城市更新的背景下，针对社区衰退、贫困和社区隔离等问题，通过多方互助参与的合作伙伴关系，促进政府与非政府组织、社区及其他公共部门的协同合作，推进改造与治理目标的实现。主要包括以下特点：一是政府和社区相对分离；二是第三方组织积极参与社区公共事务的决策；三是市民参与意识普遍较高；四是市场机制的介入[①]。

3.3.1 从"政府主导"到"公—私—社区"多方合作

英国城市更新活动经历了"政府主导—公私合作—社区参与"三大阶段。21世纪初，英国出台邻里复兴政策，出台《城市更新的社区参与：给实践者的指南》，以提供社区参与城市更新的综合指引，形成"公—私—社区"多方合作更新模式，城市更新政策回归人本主义[②]。2010年，英国颁布《地方主义法案》，建立了一种自下而上的规划形式。法案规定社区、第三方组织在社区更新的开发建设过程中拥有一定的自主决策权，鼓励多方主体参与到邻里规划中，使社区居民可以将规划资源集中在关键性问题上（图3-5）。

英国通过出台一系列行动计划，鼓励社区在更新中发挥更大作用，提高社区服务的供给效率，使居民利益最大化。如"城市挑战计划"（1991年）规定获得资金的更新项目须建立在社区、私人部门和志愿组织三方合作的基础上，使得更新目标与社区需求紧密联系在一起；"社区新政计划"（1998年）通过向以社区为基础的合作组织分配资金来解决当地社区、住房和物质环境、教育、健康等六方面的问题；"邻里发展决议"（2012年）规定，当社区需求与开发商规划申请相一致时，政府部门将简化审批流程，直接批复项目，以迅速响应社区需求。

3.3.2 专业人员进社区，推动公众参与

英国的规划公众参与制度起源于18世纪形成的社团传统，而后受工业革命、

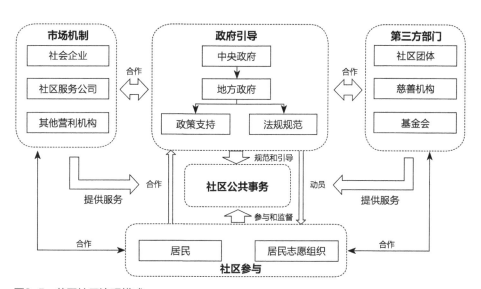

图3-5 英国社区治理模式
（来源：边防，吕斌. 基于比较视角的美国、英国及日本城市社区治理模式研究［J］. 国际城
市规划，2018，33（4）：93-102.）

现代城市规划学科建立的影响，产生了市民社团运动。20世纪，《城乡规划法
案》修订提出公众应有参与城市规划的权利，而后逐步形成了公众参与的社区规
划制度①。

1969年，利物浦的"庇护邻里行动计划"首次建议建筑师参与邻里居民共同
工作，同年在伦敦成立了服务社区的建筑咨询组织，是早期专业人员进入社区的
初步尝试。1976年，美国皇家建筑师学会成立了社区建筑小组，推动社区建筑与
全国网络的建立。1981年公众参与被定为欧洲都市复兴年的主题。1983年，全国
性的组织社区技术协助中心协会成立，并开始促成英国的社区建筑由社区技术协
助转变为强调使用者参与的取向。建筑师逐渐走上街头，提供技术，筹募经费，
协助社区居民向政府争取发展资源。

3.3.3　注重社会经济效益的提升

英国在老旧小区改造过程中关注社会经济效益的提升，如为社区提供就业、
促进社区能力建设、提供产品和服务等，具体包括遛狗、修电脑、整理花园、提
供菜园蔬菜、建造房屋、提供贷款、经营咖啡店和餐厅、开展休闲活动、回收家

① 顾大治，蔚丹. 城市更新视角下的社区规划建设——国外街区制的实践与启示［J］. 现代
　城市研究，2017（8）：121-129.

具等。通过社会企业、合作社等社区经济部门的建立，形成老旧小区改造的商业运作模式，以提升其经济社会效益。这些服务不但提升了社区的社会资本，也增强了社区内部社会网络的凝聚力。

3.4 美国

美国的老旧小区改造主要分为两个阶段：第一阶段为1930～1960年代，主要是以联邦政府为主导的"城市更新"；第二阶段为1974年《住房和社区发展法》颁布后，逐渐形成多方合作的"社区重建"（表3-1）。在这个过程中，美国老旧小区的改造模式转向了小规模、渐进式的社区复兴和住房修缮，改造目标也从清理和改善贫民窟、解决住宅需求发展为综合实现经济、社会、环境等多种目标。总体来看，美国在组织机制创新、融资手段、合作模式等方面取得了一系列成果。

美国老旧小区改造的两个阶段　　　　　　　　　　　　　表3-1

阶段	1930~1960年代　联邦政府主导的城市更新	1970年代至今　多方合作的社区重建
背景	郊区化与内城衰败，生活水平提高	尼克松新联邦主义时期联邦权力下放至地方，大规模城市更新停止，倡导可持续发展理念
目的	清除贫民窟和衰退地区，消灭不合格住房，缓解住房短缺，改善生活环境	经济、社会、环境等多目标的综合治理，如促进地方经济增长、维护社区稳定、保护历史环境等
方式	拆旧建新	谨慎的、渐进的社区邻里更新为主要形式的小规模再开发
资金	依托政府的公共资助（联邦政府与地方政府资助比例为2:1），带动私人投资	公私多渠道
法律	1937年《住宅法》确立了等量清除条款和土地征收权； 1949年《住宅法》确立了联邦城市更新计划； 1954年《住宅法》扩大了城市更新计划	1965年《住房与城市发展法》； 1966年《国家历史保护法》； 1976年《税制改革法》； 1977年《住房和社区开发法》； 1977年《国家邻里政策法》； 1962年纽约州《私有住房金融法第Ⅷ章》
实施	1954~1962年政府为555个城市更新项目共支出30亿美元，其中房屋和土地征用费用占67%	纽约市"邻里保护计划"、加利福尼亚州"社区重建计划"及"希望六"计划等

3.4.1 成立专职管理机构，加强对老旧小区改造的统筹推进

组织机构的组建和创新在美国的老旧小区改造中起到了重要的推动作用。美国城市更新运动中的组织机构的创新方面，在起步阶段基于公共利益建立了社区重建局（Community Redevelopment Agency，CRA），随后创建了住宅与都市发展部（Department of Housing and Urban Development，HUD），在邻里复兴计划时期又成立了内部机构协调委员会[①]。这些机构组织均在不同时期承担起了从资金筹措、计划制定、业务管理到多方协调的不同职能和事务。

非营利社区组织对于吸引居民参与社区改造也有重要作用，例如社区发展公司（Community Development Corporation，CDC）的成立。该公司的理事会由本社区居民、商业代表、社区官员等人组成，通过召开常规会议讨论社区问题，使居民表达利益诉求和意愿，对一定地域范围的社区进行长期的综合发展和管理。

由于多种老旧社区问题的互通互联性，通过社区组织将公共服务和社区问题相结合是一种节约资源、综合解决问题的好方法。例如，一些社区组织吸引当地政府的日间托儿服务或就业培训计划到社区服务。并且由于规模效应，社区之间的合作也能产生很好的效果。

3.4.2 利用房地产税制度作为老旧小区改造的主要融资手段

美国老旧社区改造得以开展的一个重要因素是将房地产增值税作为融资手段。社区重建局可通过发行公债、预征房地产增值税来筹措改造资金，并可将筹措的资金用于清偿项目启动期的债务，解决初始投资的困难[②]。进而对老旧社区进行更新，提升本地区的房地产价值与税收，形成良性循环。且本地区所产生的增值税及其公债仅可用于本地区的更新改造，因此该政策也被称为"专款专用"（图3-6）。

社区重建局通过这种方法，在保证了资金良性循环的同时，刺激了房地产价值的提升，为地方经济的增长作出了贡献，成为双赢的机制。加利福尼亚州"希望六"（全称"严重破旧的公共住房振兴"）计划将房地产增税融资作为一种地方提供城市再开发建设配套资金的融资手段。纽约则通过房地产税减免激励业主对住房进行修缮。

---

① 黄静，王净净. 上海市旧区改造的模式创新研究：来自美国城市更新三方合作伙伴关系的经验 [J]. 城市发展研究，2015，22（1）：86-93.
② 孔娜娜，张大维. 美国是这样开展社区建设的 [J]. 社区，2007（15）：30-31.

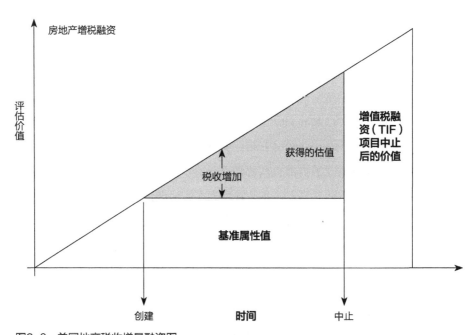

图3-6 美国地产税收增量融资图
（来源：根据https://planningtank.com/business-finance/tax-increment-financing-tif-types-tif翻译）

3.4.3　调动多方参与的积极性，形成"公—私—社区"等多方合作模式

由于政府与社会资本合作（PPP）模式的发展以及社会目标的变化，美国在老旧小区改造的推进过程中，公私双方的合作关系从非正式合作伙伴发展为正式合作伙伴，从政府投资型主导关系发展为社会型合作关系。

"希望六"计划等公共住房改造重建项目由前期的联邦政府主导并拨款为主，发展为后来更加注重吸纳联邦资金以外的其他资金类型。在邻里保护计划、社区重建等项目中，以"公—私—社区"等多方合作为主，地方政府及其授权的半公共中介机构或公司（如城市发展公司、城市更新机构、经济发展组织等）通过创设各种借贷工具、发行债券、基金补贴、减税等政策工具激励私人投资，社区非营利组织代表居民利益参与社区改造，私人投资部门负责投资和实施改造项目。改造项目通常需要在私有产权保护、开发商投资利润和社会公共利益为主之间寻求平衡。

3.5　韩国

韩国老旧小区改造总体上是从"解决住房需求"向"城市可持续发展"逐步转变的。21世纪以来，韩国的住房政策经历了从政府主导的"拆除改造"模式向居民主导建设社区共同体的"社区营造"模式的转型，围绕"城市再生"理念形成了基于高度融合的社会网络基础的城市更新制度体系。

3.5.1　注重立法支撑，做到"有法可依"

韩国的老旧小区改造主要涉及《城市及居住环境改造法》《城市重整促进特别法》和《重建超过利益回收法》三项重要法律。这三项法律基本建立了"宏观引导—中观控制—微观指导"的各个方面的法律依据。

韩国的《城市及居住环境改造法》系统推进了居住环境改造工作，并为不同类型的改造对象提出了分类改造的法律依据，发挥了综合性的城市管理作用；而《城市重整促进特别法》是为了防止小规模开发带来的地区之间的不均衡发展，通过扩大改造范围，全面改善城市基础设施，实现城市全面更新的特殊性法律（图3-7）。《重建超过利益回收法》是为稳定房地产市场、抑制开发商利益等所提出的对重建超过利益分配的指导性法律，是对改造法的有益补充。

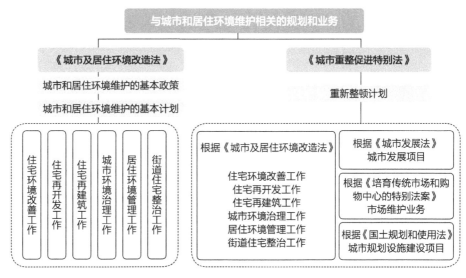

图3-7　城市与居住环境改善规划图
（来源：韩国国土研究院）

3.5.2 改造模式因地制宜、分类施策

对老旧小区进行分类，针对不同类型老旧小区采用适宜的更新改造手法。根据《城市及居住环境改造法》，城市更新改造项目主要分为住宅再开发、住宅重建、居住环境改善、城市环境改造四种城市更新改造项目类型。其中前三项与老旧小区的改造工作密切相关。

住宅再开发：主要适用于大规模老旧住宅密集地区的集中改造。

住宅重建：针对基础设施良好，但住宅建筑老旧衰败的地区，目的是高度利用土地和系统地改善居住环境。重建和再开发项目的最重要的判别标准是生活基础设施恶劣的程度。

居住环境改善：是以低收入居民集聚、严重缺乏生活基础设施、居住环境非常恶劣的不良住宅密集地区为对象，为恢复城市功能、改造住宅、完善公共设施，进而改善低收入阶层的居住环境而提出的改造类型[①]（图3-8）。

在各类项目在实施推进中，会综合运用多种开发模式与技术方法，包括全面再开发、修复再开发、就地改良开发，以及合同再开发、自力再开发、循环再开发和换地型开发方式等。

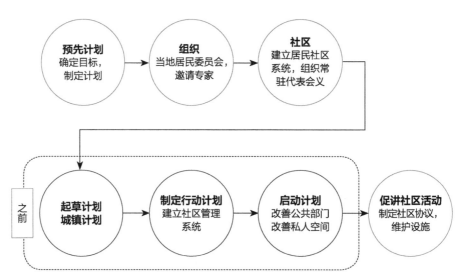

图3-8 住宅环境改善计划流程
（来源：首尔市政府. 新城镇重建和改善计划的替代模式和试点项目开发［R］. 2012.）

---

① 张文杰. 韩国集合住宅研究［D］. 天津：天津大学，2009.

3.5.3 居民主导"社区营造"

韩国的住房政策经历了从政府主导的"拆除改造"模式逐渐向居民主导的"社区营造"模式转型,强调公众参与。在项目实施过程中,明确居民、专家、行政、相关公司等参与主体的任务和角色(图3-9)。在物质环境改善的同时,保留区域文化特色,并尝试建立产业生态系统,促进社区的持续发展。

2012年《城市及居住环境改造法》的修订中,"居住环境管理项目"和"区块单元重组项目"体现尤为明显。其中"居住环境管理项目"是在项目推进程序中,结合社区营造,增加4项居民参与项目程序。"区块单元重组项目"(特定区

区分	各阶段促进的内容	各主体的角色			
		行政部门	居民	居民团体	专家
事先企划阶段	宣传社区营建,发掘项目地,事先企划研究	作品征集、事先企划研究、居民意见调查	关注社区、理解社区特色、改善规划参与意向	支援激活社区共同体	事先企划研究(把握社区特色、支援共同体)
居民组织阶段	组建居民委员会,任命地域协调专员,组建小组及合作体系,组建实际工作委员会	实际工作委员会、审批工作委员会、委任专家(MP、公司)、支援组建及运营居民委员会	组建居民参与委员会、实际工作委员会的成员	实际工作委员会的成员、支援组建居民委员会	实际工作委员会的成员、支援组建居民委员会、基础调研等
构建社区阶段	构建社区共同体	审批居民代表会议、支援组建及运营居民代表会议、教育居民代表	组建居民代表会议、选拔居民代表	支援组建居民代表会议	支援组建居民代表会议
编制构思方案阶段	召开社区研讨会,编制总体规划及公布其结果	编制监督规划、编制改善规划及指定区域(公布结果)	提出当前方案内存在的热点问题,提出社区未来蓝图,调解社区内的利害关系	提出社区热点问题及未来蓝图,调解居民与专家之间的矛盾	编制总体规划(总体规划+社区规划)
编制规划阶段	项目的具体化,提出住宅整顿方向,构建社区共同体运营体系	设计招标、编制规划(选定优先支援地区)、构建关于改善住宅的行政支援体系	编制激活共同体的规划,签订共同体协议同意书	发掘激活共同体的活动,协助编制激活共同体的规划	编制施工设计图,履行编制图册的程序,支援共同体协议的签订
项目执行阶段	改善公共环境,改善私有空间	选定施工公司、促进公共项目、编制设施维护管理方案、关于改善住宅的行政支援	监督/监理项目,调整居民利益关系,改善个别住宅,激活共同体的项目	激活共同体的活动	改善基础设施,监督公共设施的施工,改善住宅项目的执行及监管
激活共同体阶段	宣传社区营建,发掘项目地,事先企划研究	共同体的行政支援、运营支援共同体的设施	社区协议的运营,运营激活共同体的规划及活动	运营及支援激活共同体的活动,促进居民共同体及地域活动家的相关活动	社区共同体的监管

图3-9 项目促进各阶段中各参与主体的角色

(来源:魏寒宾,沈昈男,唐燕,金世镛. 韩国首尔"居民参与型城市再生"项目演进解析[J]. 规划师,2016,32(8):141-147.)

域的小单元更新）则省略了城市中心和住宅区重建总体规划中规定的现有改善计
划（指定改善目标区域、制定改善计划等）的一些程序。但对所有者同意的比例
要求提升到90%，并且为居民全过程参与。

3.5.4　发挥政府、专家和专业机构的协同服务作用

专家由原来的服务政府转为服务居民。《城市及居住环境改造法》中有"专
门管理改造项目机关"制度，即由专家替住户开展更新工作。到了后期的社区营
造阶段，专家需要参与到改造工作的各个阶段中，担任不同角色并承担相应的责
任。首尔为推进社区营造的顺利进行，于2012年成立了"首尔市社区共同体支援
中心"，以此推进社区共同体的活动，促进公众参与，帮助地区成长，增强了社
区中人力与物力资源的连接①。

3.6　德国

德国住区更新改造建立了完善的法律法规体系、支持公众参与的组织框架、
严谨的资金供给系统和住房税制。改造关注建筑节能、适老化改造，针对低收入
群体、外来移民聚集的社区。

3.6.1　改造目标的综合性

改造关注住宅节能，关注老年人和低收入群体住区。在住宅节能改造方面，
出台了《德国住宅建筑节能技术法规》（即节能标准），同时给予一定的优惠政策；
开展"自主老年"项目，增设适老化设施，政府提供资金支持用于现有住房及住
房周围的设施改造，减缓老人进入机构养老的过程；针对外来移民及失业率高、
低收入社区，出台"邻里管理"计划，由政府全权出资改造，帮助问题社区建立
积极的街区形象，并鼓励本地居民参与社区更新的具体工作。

3.6.2　"承上启下"的开发公司模式

德国住区更新改造的一大特点就是设立"开发公司"。通过"开发公司"这

---

① 시정개발연구원. 북촌가꾸기중간평가연구［R］. 2005.（首尔市政开发研究院. 北村营
　造中期评估研究［R］. 2005.）

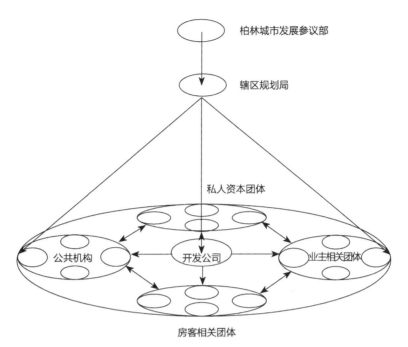

柏林城市发展参议部

辖区规划局

私人资本团体

公共机构　开发公司　业主相关团体

房客相关团体

图3-10　德国"谨慎城市更新"的倒"伞"形组织结构
（来源：杨涛. 柏林与上海旧住区城市更新机制比较研究［D］. 上海：同济大学，2008.）

一中间环节，"承上启下"地支撑起了德国住区更新分权化、扁平化、多元化、网络化的倒"伞"形组织结构（图3-10）。"承上"表现为开发公司承接政府委托的城市更新项目，进行资金的统筹安排、地方部门的工作协调以及土地的协商与收购，推进城市更新；"启下"表现为开发公司会组织公众参与并推进住区更新的具体实施[1]。此种组织模式打破了传统的纵向等级管理结构，反而将底层即最贴近实际操作的层面扩大。同时，底层机构进一步网络化，可以在实际更新过程中灵活有效地处理各种问题。

3.7　荷兰

　　荷兰为了应对1950年代的工业化和城市化、战争破坏、战后婴儿潮等社会因素，制定和实行了社会住房政策，实现了民众的住有所居，将人民从基本生活需求的压力中解放出来，解决了住房问题[2]。

① 杨涛. 柏林与上海旧住区城市更新机制比较研究［D］. 上海：同济大学，2008.
② 李罡. 住有所居 荷兰的社会住房政策［J］. 经济，2013（1）：96-98.

3.7.1 以政府授权的"住房协会"为主体

以政府授权的"住房协会"为主体，向目标群体（一定收入以下、老年人和残疾人等）提供公共住房建设、租赁、维护、管理职能，通过《社会租赁部门管理通则》（BBSH）明确了住房协会的六项核心任务。通过非营利、市场化运营，提供占全部住房面积32%的社会公共住房，解决低收入家庭的住房保障问题，并对存量住房进行维修维护以保证良好住房质量。

3.7.2 多元融资的市场机制

荷兰建立了社会住房担保基金（WSW）和中央住房基金（CFV）。一方面，社会住房担保基金会定期发布每个住房协会的财务状况，帮助中央住房基金识别住房协会财务状况，并能为中央住房基金提供安全保证（图3-11）。另一方面，保障住房协会通过社会住房担保基金所提供的贷款担保与政府所提供的反担保，能以低于市场利率的方式进行住房的更新与维护，既减少了所需的政府财政支持，又能保障社会住房融资来源的可持续性。

3.7.3 渐进式、小规模改造更新

渐进式、小规模的改造更新以社区为单位，分类更新，强调功能混合，重视居民参与，改善整体居住环境；注重保持原有城市肌理，不破坏城市结构；既注

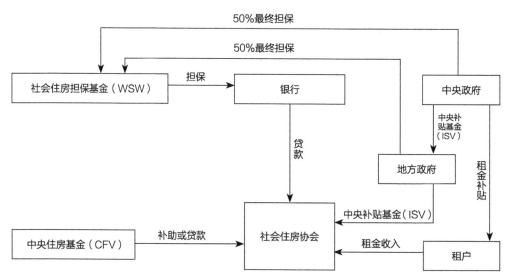

图3-11　荷兰社会住房建设的融资担保机制
（来源：李罡. 荷兰的社会住房政策［J］. 城市问题，2013（7）：84-91.）

重物质环境更新，也重视社会融合与经济带动。

分类更新：在物质空间领域，老旧住区更新的主要内容是住房改建与重建相结合、渐进式更新、街区整体环境的改善；在住房改建上，分为简单的维护修缮与"根本性"现代化改造，分别针对品质基本达到现代生活标准的房屋与品质较差的房屋。

功能混合：为了满足高密度条件下改善社会基础设施的要求，重建房屋中安排有混合功能建筑，即首层及二层为公共服务功能（学校、幼儿园、社区中心等），上层设置住宅与庭院。

分批分次：居民分次、分批从未改造的住宅迁移到新改造的住宅，在这个过程中尽可能多的住宅被利用为临时住所，质量较好的建筑也能被更新和再利用[①]。这种改造仅限于建筑，因此能够维持邻里的社会结构的稳定，保护居民的社会生活。

3.8　法国

法国自1990年代开始，以颁布《社会团结法》、推行"城市政策"为抓手，以地方政府为实施主体，对工业厂房配套的工人住宅区和1960年代左右建成的大型居住区进行了改造。

3.8.1　多学科合作，深化项目前期评估

在法国，一般的更新项目往往会持续十年左右的时间。在这期间，规划前的评估和投入使用后的评估过程占据了60%的时间。由于项目一旦走上正常的实施程序则较难更改和纠正，前期评估工作占据了极大的比例；而已经投入使用的项目也应对后续其他项目起到借鉴或者警示作用，因此，后期评估必不可少。关于环境保护、建筑节能等公众理解较为困难的先进理念，还会配合一定的非法定公众参与环节，提高全民素质。

---

① 程晓曦. 荷兰城市改造与复兴的三个阶段与多种策略［J］. 国际城市规划，2011，26（4）：74-78.

3.8.2　体现对弱势群体的关注

　　法国老旧居住区居民的收入和素质往往不高，因此这些住区改造首先考虑公共利益，满足现有居民的需求，倡导多人种、多阶层的融合。政策标准上，在街区层面，"（新）城市更新行动"中要求必须满足社会住房具有一定占比的城市政策，保证了街区居民的混合性（图3-12）。在建筑单体和单元住宅层面，提出自上而下的"社会住房"以及自下而上的"改善居住条件"政策，并通过在街区植入更多的功能、创造更多的就业岗位来从根本上解决低收入人群的生活困难问题。针对儿童提供足够的教育设施；针对老人配套适老化设施，进行无障碍改造，并对住所内部进行设施的完善。

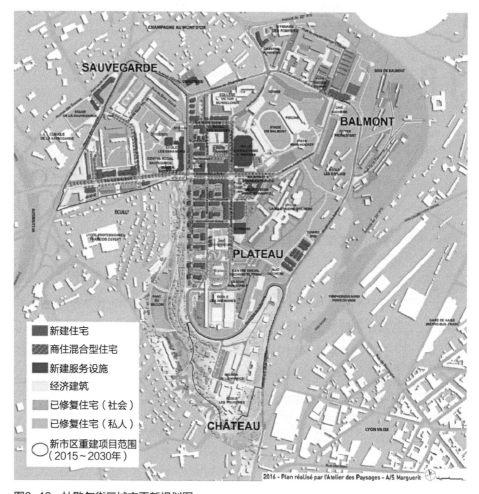

图3-12　杜歇尔街区城市更新规划图

（来源：根据 https://www.gpvlyonduchere.org/publications/carte-la-duchere-2018-objectif-du-projet翻译）

3.8.3 制定改造的节能环保标准

在《城市规划法典》中增添《格勒奈勒环境法》，提出了建筑与城市化、交通基础设施、能源和气候、生态保护和生物多样性、健康环境五大领域的若干技术措施，为法国大规模展开生态街区的建设提供了法律支撑。

建筑节能：使用比较成熟的技术手段，包括节能型建材、太阳能以及地热采暖系统。

绿色屋顶：关于绿色屋顶设置的法令最先应用于商业区的新建建筑，但随着法令的普及和技术的发展，以及街区更新项目的开展，逐步大量用于街区更新，尤其是生态街区。

生态街区：将整个街区作为评价整体，要求其满足节能、社会混合、自然环境保护、公共交通通达等需求，才可获得"生态街区"的称号。《格勒奈勒环境法》规定从2007年到2012年，各市镇至少开发一个生态街区项目以推动地方可持续发展[①]。

3.9 小结和启发

3.9.1 改造模式与工作组织方面

1）采取渐进式、小规模的更新改造

荷兰经验证明小规模的更新可在原有的结构内发掘和利用现有的资源，减少其他资本的使用，以确保干预的可实施性，同时为公民参与提供了良好平台。我国老旧小区改造工作中，应加强前期评估工作的深度，针对不同问题和项目，提出分阶段实施重点；采用渐进式、滚动式的更新模式；强化小区的自我造血功能，保证小区更新的可持续性；控制更新节奏，推出精品工程。

2）注重多尺度衔接，融入城市更新体系

目前我国老旧小区改造更多地关注小区内的改造，而对小区外部空间考虑较少。新加坡构建了市镇—社区—住宅三层级更新体系，将老旧小区改造融入城市更新体系，与城市更好地衔接，加强了小区可达性，整合破碎存量资源，统筹规

---

① 田达睿. 法国生态街区建设的最新实践经验与借鉴——以巴黎克里希街区和里昂汇流区项目为例 [J]. 城市规划，2014，38（9）：57-63.

划多个老旧小区，实现片区更新。

3）重视整合的规划策略

城市大型住区更新项目往往会面对大量的城市弱势群体，及其伴随的贫困、犯罪、老龄化、非正规经济等复杂社会问题。因此，规划策略应强调物质空间与社会、经济、管理等多层面的协调与整合，关注弱势群体的需求。做到功能均衡，倡导混合居住，注重配套设施的完善，营造良好的社区氛围。

4）追求多元目标，提升社会经济效益

目前我国老旧小区改造还处在较初级的阶段，更多地关注物质空间的提升，而对社会经济效益考虑较少。借鉴新加坡、英国、德国等国家的发展经验，老旧小区改造的目标将逐渐多元化，如绿色化目标、风貌特色保护、社会融合、社区能力建设、提供就业、提升社区社会资本等。

3.9.2 法律制度与政策标准方面

1）加强顶层设计，为老旧小区改造提供法律依据

目前我国在国家层面尚无城市更新改造的专门法律，可考虑如"城市更新法"等国家专项立法，或在现有相关法律中补充旧城改造的相关内容，并与物权、消防安全等相关法律充分衔接协调，在地方层面鼓励建立完善旧区更新改造的法规体系。韩国制定了综合性的城市更新改造法律，为改造实践在"宏观引导—中观控制—微观指导"各个方面提供法律支撑。日本出台了《都市再开发法》《都市再生特别措施法》等专门的国家法律来推动旧区更新改造。德国在全国性的《建设法典》中规定了城市改造程序等内容。

2）匹配多种政策，构建配套政策体系

配套政策起到三大作用：第一在于明确权、责、利，划定界限，明确规则；第二在于激发各主体积极性，撬动更多资源，推动改造进行；第三在于价值引导，指引改造进行的方向。新加坡和日本都对产权划分、业主决议标准作了明确规定，为改造奠定了基础。日本在降低改造门槛、容积率奖励、多手段融资、因地制宜的改造方式等方面进行了诸多政策设计，激发各主体积极性。在价值引导方面，新加坡制定相关政策，强调改造的可持续性以及后续维护；日本强调防灾和适老化改造；英国通过政策设计鼓励社区参与和经济效益提升等。我国仍需在以上三方面加强政策设计，明确规则，激发各主体积极性，突出价值导向。

3.9.3　资金筹措与运行机制方面

1）采用多种激励措施，构建多元供给的资金结构

美国利用房地产税制度，一方面通过房地产税增额筹措项目启动资金，另一方面通过房地产税收减免激励业主进行住房修缮。新加坡建立了"备用金"制度，《地契分层法令》规定业主需向管理理事会交纳管理基金与备用金，备用金用于中、大型项目的维修与装置更换。日本通过金融创新，开发"老年贷""装修贷"等新型贷款模式，深入挖掘市场潜力。

2）以可持续的理念作为老旧小区复兴的触媒

"生态街区"创建现已成为法国旧区改造的普遍做法，经历了提出目标、挑选试点、逐渐在国内推广的过程。在我国，提倡目标引导、试点先行，创建"绿色、和谐、宜居"社区，可以城镇为单位挑选试点先行实施，推出典型成功案例后应及时总结经验，加以推广。

3）创新创建统筹机构，强调多方合作

目前我国尚无全国性的城市更新改造管理机构，可综合借鉴国外经验，在中央和省级层面成立专业化主管部门，在市、区地方层面成立专门化管理机构，此外利用居委会等社区组织加强更新改造活动的组织协调和公众参与。新加坡投入大量资金支持社区中介组织、服务机构的建设运营。日本提出"业主自主更新模式"，由业主委员会自主更新老旧小区，突出业主在改造中的主体地位。英国注重"公—私—社区"合作，将合作伙伴组织的建立作为资金申请的前置条件，并且形成了成熟的邻里规划、社区建筑师制度，推动专业人员、社区和居民参与改造。德国的住房开发公司制度使组织机构向社会化多元化发展。

4）动员居民共建，提供多途径的公众参与

目前我国旧区改造的居民参与和沟通机制还有待进一步的健全与完善，可以通过搭建公众参与平台、健全改造项目公示制度、加强专家和民间团体等的参与等方式，为老旧小区的改造工作减少阻力，提升效率。美国和韩国分别成立了非政府组织（NGO）——"社区发展公司"与"首尔市社区共同体支援中心"，支持居民参与社区项目，对社区进行长期综合的管理和发展。德国《一般城市建设法》规定了公众参与的程序。法国通过地区非营利团体和协会组织周末参与或卡片公示等活动来实现不同人群的参与和沟通。

第 4 章

江苏昆山:
住区—街区—城市
联动的"昆山之路"

4.1 昆山概况

本章选取实践案例位于地处上海与苏州之间的长三角心脏地带的江苏省昆山市。昆山市北与常熟、太仓两市相连，南与上海市嘉定、青浦两区接壤，西与吴江区、相城区、工业园区相接，西南与浙江省嘉兴市交界。作为长三角地区"苏南模式"的代表，昆山市凭借着以集体经济和乡镇企业为核心的经济发展模式，自2004年至今连续被评为全国百强县、中国中小城市综合实力百强市之首。优越的经济基础推动了昆山城市的快速发展，其在2010年获得联合国人居奖，2016年获评住建部首批"生态园林城市"。

进入21世纪以来，伴随着城市经济水平的快速提升、产业发展的不断集聚，昆山城市建设也随之快速扩张。在获得各种城市美誉的同时，也暴露了快速发展所带来的各种问题。对于昆山而言，2000年以后建成的以农民拆迁安置小区为代表的老旧小区由于建设标准过时、设施配套老化，已经与现代化的昆山城市环境格格不入。上述老旧小区亟须升级改造，以适应生态绿色的城市发展愿景，满足住区内部居民安全便利的美好生活诉求。

4.2 昆山城镇老旧小区特质解析

4.2.1 现状情况

1）规划配套完善，基础设施齐备

昆山市老旧小区建设年代基本在城市规模迅速扩张阶段的2000年左右，小区建设均按照当时标准，进行了相应设施配套。随着城市发展，小区所在地理区位愈发优越，配套设施也愈发完善。相较21世纪建设的中西部城市老旧小区，昆山老旧小区规划配套完善，基础设施齐备。以中华园街区为例，根据调研统计，在中华园东村老旧小区的300米半径所对应的5分钟生活圈范围内，设置有街道政务服务中心、社区文体服务设施、小学、幼儿园、社区菜场和商业生活小街；在500米半径所对应的10分钟生活圈范围内，还可以便捷地使用城市级的商业服务设施和大型体育公园（图4-1）。

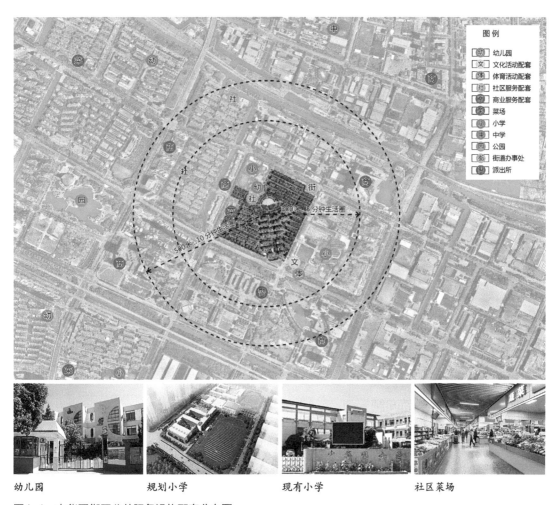

图4-1 中华园街区公共服务设施配套分布图

2）活动空间充沛，建筑质量尚佳

昆山老旧小区多为多层板楼，容积率基本为1.2～1.5，相比现今高强度建设的居住小区，较低的建筑高度和较宽的楼间距提供了充裕的绿地和开敞空间，营造出宜人的空间环境尺度（图4-2）。根据项目组统计，昆山老旧小区绿地率基本都能达到25%以上，绿化覆盖率在35%左右。尽管绿地和开敞空间存在着养护不力、停车占用、利用消极等问题，但总体看来，老旧小区内空间氛围较为亲切、随意，给居住者提供了宝贵的交往活动空间，也给未来老旧小区的提升改造提供了空间保障。

建成于2000年前后的昆山老旧小区，房龄在20年左右，建筑质量尚佳，不存在结构安全问题，楼体建筑旧而不破（图4-3）。得益于昆山市住建局和街道

图4-2　中华园街区中华 　　图4-3　中华园街区中华东村建筑现状条件
东村内部空间环境

的精细管控，大多数老旧小区均进行过有针对性的多轮房屋维护，如外立面粉刷、屋面修缮、结构抗震加固。以中华园街区为例，仅三成居民楼屋顶存在渗漏情况，一成墙面存在饰面剥落、墙体渗漏情况。总体判断，不同于中西部地区城市的老旧小区所面临的建筑安全问题，昆山老旧小区建筑质量目前尚佳，主要需要考虑的问题是如何在现有建筑基础上更好地满足居民便利生活的要求，如安装入户门以提升安全性，增加电梯以提高便利性，利用楼道空间以满足实用性。

4.2.2　特质问题

相比于昆山老旧小区在物质空间方面拥有配套相对完善、环境空间充裕、设施质量尚佳的有利现状条件，在社会环境方面，昆山老旧小区出现了城市发展过程中复杂的社会性问题，也是昆山老旧小区改造所面对的特质性问题，体现在以下几个方面。

一是外来人口比例高，流动性大（图4-4）。

随着以电子信息制造为主导的第二产业不断在昆山经济技术开发区聚集，外资劳动密集型企业吸引了全国各地青壮年劳动力来昆山务工。昆山市全市人口结构表现出外来人口比重高的特征。由于务工群体所需要的宿舍较为缺乏，大量老旧小区因自身临近开发区和交通站点的区位属性和房租低廉的价格优势，成为外来人口的首选短期居住地。部分老旧小区内部随着原有住户为改善居住条件而迁出，外来务工群体短租迁入，外来人口比重升高。根据调研统计，昆山城镇老旧小区外来务工人口中有八成为

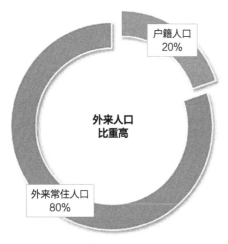

图4-4　中华园街区中华东村人口比例情况

16~22岁的青壮年，七成为中专及以下低学历水平人口，从事流水线简单制造加工工作。上述务工群体居住于老旧小区内生活居室改成的群租空间内，原有的老旧小区成为外来务工群体的廉租房和临时宿舍。同时由于经济开发区内所提供工作岗位的短期临时性特点和外来务工人员生活作息随意性大的特点，社区内呈现出人口流动性大的特点。以中华园东村为例，户均居住外来务工人数高达9人。对部分单元的调查显示，10户中常住户仅为4户，短租人口群租户为4户，另有2户是常年务工于此的常租住户。短租人群中不乏因为三班倒工作形式而存在由多个工人租一张床位，轮流拼床休息的情况。大量流动人口出入社区公共空间和居民楼，给老旧小区内带来了一系列治安和公共卫生等方面的风险隐患。

二是社区空间城市化，功能混杂。

随着昆山老旧小区逐渐成为聚集外来务工群体的临时宿舍，小区正由功能单纯的居住空间变成功能混杂的综合服务场所。社区内部出现了服务于外来务工群体的招工场所、生活设施（图4-5）。以中华园街区为例，街区内部北村、西村、东村三个小区利用老旧小区内部的闲置用房弥补了昆山极缺的产业人口居住空间。"城市功能逐渐社区化，社区空间逐渐城市化"的现象表现尤为突出，社会人员经由临街商铺随意进入小区、外来车辆侵占小区绿地随意停车、外来人口逗留于小区公共空间等现象给社区的治安管理带来了隐患。

图4-5 中华园街区中华东村内部的城市功能空间

图4-6　中华园街区中华东村内部的城市交通空间

问题最为严重的中华园东村小区占地规模大，小区内部道路还承担了城市道路的功能，在小区内部存在着服务于整个街区内周边小区的城市幼儿园、和群市场等设施，使得其功能更为混杂（图4-6）。在早晚交通高峰期，幼托接送和市场采购送货带来了大量车辆通行和外来人员进入。嵩山路商业街的购物人群、接送孩童上学的家长、和群市场买菜人群以及临时停车人群还把小区内部道路作为城市停车空间，导致小区内部道路空间被外来停车严重侵占。这种社区空间的城市化使得社区道路行车空间不足，人行通道与活动空间被占用，进一步加剧了管理上的困难。

4.2.3　特质问题总结：老旧小区在快速城市化进程中的困境

昆山城镇老旧小区具有明显的两面性：在物质空间层面上，昆山城镇老旧小区具有配套设施完善、建筑质量尚好、绿地空间充足、尺度宜人等特点，小区本体尚能满足当今社会城市居民的居住生活需求；在社区治理层面上，由于目前城镇老旧小区管理不善，大量外来流动人口活动于社区中，且城市功能逐步进入社区，加大了老旧小区改造过程中的问题复杂性和工作难度。

4.3 昆山城镇老旧小区改造工作历程简述

4.3.1　老旧小区改造工作整体概况

城镇老旧小区改造是重大民生工程和发展工程。为满足城乡建设高质量发展要求和人民群众美好生活需求，昆山自2007年开始将老旧小区改造列入每年市重点实施工程计划。截至2019年年底，已经分多轮先后完成了老旧小区改造面积643.38万平方米，惠及居民59456户。对于昆山而言，老旧小区改造工作根本目的在于提升居民的居住生活环境，在惠及民生的同时还促进了城市的经济发展与社会和谐。

昆山城镇老旧小区改造工作处在不断提升中。昆山坚持按照国务院和住建部推进城镇老旧小区改造工作的总体部署，在省、市住建部门指导下，突出共同缔造理念和系统化思维，积极探索老旧小区改造从"围墙"内走向"围墙"内外的融合发展路径，从单一住区视角转向整体街区视角，推进住区、街区整体提升，基于城市视角，探索社区与城市相互促进的昆山老旧小区改造之路。

4.3.2 "昆山1.0"阶段的改造探索

昆山城镇老旧小区改造工作的"1.0"阶段，立足社区视角，老旧小区改造工作对象是小区本身，以老化市政基础改造和建筑结构安全加固为工作重点，利用政府划拨的专项资金，对存在安全隐患和设施缺陷的老旧小区进行工程改造，包括房屋修缮（涉及修缮屋面、外立面、单元楼道和墙面，美化外墙雨污水立管、空调机位，解决渗水问题，消除房屋安全隐患）和设施改造（改造道路、设置充电设施，进行雨污分流、整治管线和改造路灯照明）两部分内容。

该阶段的老旧小区改造工作完全属于政府主导的短期专项工作行动，在改造工作内容方面并不全面，不涉及高标准的宜居环境营造，更没有上升到长效工作机制的层面。但是必须说明的是，正是该阶段的工作解决了市政基础设施和房屋老化所带来的安全性问题，"聚民心、惠民生"，提升了昆山市民对老旧小区改造工作的认可和支持，为昆山老旧小区改造奠定了良好的工作基础。

4.3.3 "昆山2.0"阶段的改造探索

在解决了"1.0"阶段基础问题后，昆山市结合"美丽昆山"建设行动，提升了老旧小区更新改造的目标任务，完善了改造内容"十项菜单"，开始探索工作推进的"四个机制"。改造目标任务由小区内部安全可居上升到街区全面宜居。改造内容也在房屋修缮出新和基础设施改造的基础上，增加了公共服务设施配套（完善社区物业用房、公厕、主入口门楼、居家养老服务设施、便民公共活动设施、安防设施、围墙等）、环境整治美化（整治小区绿化，清理公共空间违建，规范和配套标志标识、文化宣传设施等）、垃圾综合治理（完善垃圾收集设施，推行生活垃圾分类投放管理模式，指定装修垃圾临时堆放点，提升垃圾综合整治能力）、停车矛盾疏解（适当增加停车位，加强住宅小区车辆停放管理，规范业主停车行为，发掘住宅小区周边资源并增加停车供给）、地域文化演绎（以社区为单位，结合不同的文化、资源特色等提出差异化的特色发展目标和策略，以指导后续建设管理）、提升小微空间（关注小型绿地、小公园、转角等小微场所，以"微更新""微干预"的方式"点穴治病"，进行针对性的优化提升，营造富有人情味与活力的住区微空间环境）、加强共治互动（坚持以居民为中心，引入共同缔造理念，激发居民群众参与热情，对小区内的事务采取社区指导、居民自治和民主协商的方式，实现决策共谋、发展共建、建设共管、效果共评、成果共享）和强化党建引领。

该阶段的老旧小区改造工作开始关注市场力量的重要作用，积极探索如何引入社会力量参与和投入到老旧小区改造工作中来。中华园北村老旧小区改造更新工作中，引入社会资本——阿里集团，利用社区内部存量空间建设菜鸟驿站，服务街区百姓，起到了良好的示范效果。原有的民生项目百姓工程盘活了住区的存量资源，起到了"拉投资，促消费"的效果，产生了良好社会经济效益，也为住区注入了更多活力。

4.3.4　未来工作展望：住区—街区—城市联动的"昆山之路"

昆山城镇老旧小区改造工作进入新阶段，改造工作将基于城市视角，挖掘社区价值，探索社区与城市的互促之路。不同于"1.0"阶段和"2.0"阶段的老旧小区改造工作，新阶段的改造工作将视整个城市为有机统一的整体，将老旧小区改造与城市发展相联系，深入挖掘社区的价值，包括人居价值、门户价值、社会融合价值和产业服务价值等。昆山城镇老旧小区改造工作将在社区与城市相互促益的过程中，走出一条社区市场化、市场社区化、城市社区化、社区城市化的具有昆山特色的老旧小区改造之路。

4.4　中华园街区老旧小区改造前期实践简介

回看过去，中华园街区内的老旧小区与城共生。为了昆山综合保税区的建设，原有村民点进行了拆迁撤并。中华园街区建设了三个安置小区，成为在地农户居民的居住场所。中华园街区伴随着昆山城镇化进程而出现，为昆山城市发展作出了贡献。由于临近昆山产业地块，在昆山城市产业不断壮大、综合保税区不断发展的过程中，中华园街区还成为为产业员工提供生活居住配套保障和补充的场所，进一步支撑城市产业发展。其中中华园街区内的三个老旧小区——北村、西村、东村极具代表性。

审视当前发展轨迹，中华园街区内的老旧小区实现了与城共兴。面对长三角一体化发展的机遇和昆山高品质发展转型的目标，在昆山积极建设临沪先锋城市、江南宜居花园的过程中，中华园街区内先后进行了北村、西村两个老旧小区改造工作的探索（图4-7、图4-8）。为了更好地适应时代和城市发展的要求，老旧小区改造的工作内容也不断面临着新的机遇和挑战。

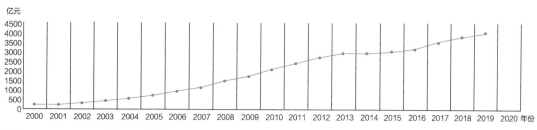

图4-7　2000~2020年昆山市地区生产总值

2002年　　　　　　　2011年　　　　　　　2019年

图4-8　中华园街区与城共生共兴

4.4.1　中华园北村改造工作及成效概况[①]

中华园北村是2000年街区内建成的拆迁安置小区，占地面积6.8公顷，位于衡山路以北，柏庐南路以东，是昆山开发区震川城市管理办事处群益社区内首个进行改造的老旧小区。在老旧小区改造工作中，着重对房屋破旧、设施破损、停车乱放、乱搭乱建等较严重的问题进行了相应的改造，工作内容基本覆盖了"1.0"阶段的改造探索内容。同时江苏省城市规划设计研究院还提出"共建共享共治"的"宜居示范居住区"总体目标。针对现状调研反映的社会性问题和需求，从住区层面入手，提出了外来人口市民化，促进社区自治的改造工作内容。

其具体通过四个方面的改造策略指导工作实施。一是以问题为导向的基本环境整治，采取的整治改造措施主要有交通组织优化、基础设施改造、环境整治美

① 该项目规划设计由江苏省城市规划设计研究院完成。

化、房屋修缮出新;二是以需求为导向的宜居品质提升,采取的更新改造措施主
要有完善公共设施配套、公共空间塑造、强化适老改造、践行绿色理念;三是以
目标为导向的社区活化培育,强调外来人口融合,增强外来人口的地域归属感和
文化认同感,注重城市功能链接,构建"十分钟美好生活圈";四是以治理为导
向的长效机制建立,强化党建引领作用,建立物业管理、社区治理、违建治理的
更新改造长效机制。

作为政府主导的老旧小区改造明星项目,中华园北村改造坚持共建、共享、
共治理念,充分尊重业主和住户意见,鼓励各方参与,共同缔造宜居住区。改造
后的中华园北村住区环境整洁,建筑修缮出新,人车分流有序,公共空间优美,
在物质空间方面提升显著,惠及民生,受到了广泛的好评(图4-9)。中华园北
村改造后还委托文商旅集团所属物业公司管理,除了提供基础的安保、保洁、绿
化、工程维修等服务项目外,还特别注重"个性化、人性化"的营造,增设特色
服务项目。该项目荣获"2020年度苏州市市级示范物业管理项目"的称号,是昆
山首个获得"苏优"称号的老旧小区。但是中华园北村改造在改造实施项目生
成、群众参与共同缔造、社会力量参与吸引、后期运营城市共荣方面依然存在着
"短期行动"的特点,老旧小区后期维护和改造可持续性方面存在不足。

楼本体改造

图4-9 中华园北村老旧小区改造总体效果

公共空间改造

入口形象改造

停车空间改造

图4-9   中华园北村老旧小区改造总体效果（续）

4.4.2   中华园西村改造工作及成效概况①

在中华园北村老旧获得成功之后，同属于群益社区的中华园西村在2019年也开始了老旧小区改造工作。中华园西村位于中华园北村和衡山路南侧，占地面积9.7公顷。小区存在建筑年久失修、停车混乱、设施老旧、人口复杂等一系列问

———————————

① 该项目规划设计由苏州规划设计研究院完成。

题，与中华园北村情况类似。针对小区存在的普遍性问题（空间整体情况）和特征性问题（居住人群情况），苏州规划设计研究院在充分汲取中华园北村改造经验的基础上，跳脱于小区自身，从街区层面开展改造实施探索。改造方案以"保障安全、提升环境、满足生活、强化归属"为设计理念，结合小区公共活动空间，重点打造"L"形中华园街区活动景观轴线，串联中华园北村和中华园东村，共建宜居街区。

保障安全层面，主要对小区建筑进行针对性修缮，完善消防体系，补足智能安防，保障小区安全。提升环境层面，营造舒适宽敞的室外环境、充足的绿色共享活动空间和优质的居住环境。满足生活层面，保障市政设施完善，满足多样化功能需求，注入新的社区活力。强化归属层面，注重地域文化演绎，塑造和谐社区，营造家园氛围，增强居民凝聚力（图4-10）。

图4-10　中华园西村老旧小区改造总体效果

休憩广场 FOR THE OLD

人行入口 THE ENTRANCE

社区花园 THE GARDEN

宅间景观 LANDSCAPE

图4-10　中华园西村老旧小区改造总体效果（续）

　　在老旧小区改造的过程中，创新性地探索建筑所有权、承包权和经营权分离运营管理模式。在产权不变的前提下，中华园街区改造主体调整为文商旅集团，由其下属国有企业昆山国衡公司负责投资和建设。按照"谁投资谁受益"原则，改造后的小区、社区用房由文商旅集团所属物业公司管理、经营，实现投资、建设、管理和回报全过程闭环（图4-11）。试行市场化运作模式，创新实施多元资金筹措。"银政企"合作推动住区、街区联动塑造，探索市场化运作模式。中华园街区中的中华园西村在省内创新实施多元资金筹措，获得中国建设银行昆山分行融资4500万元，成为苏州市范围内首个放贷成功的老旧小区改造项目，在吸引社会力量参与方面获得了良好的实践效果。

 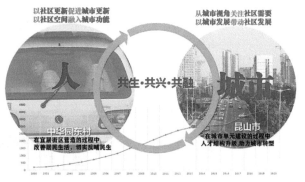

图4-11　中华园西村存量社区用房改造效果图　　图4-12　中华园东村改造规划设计指导原则

4.5 中华园东村改造规划设计及实施

　　相较于中华园北村和西村，中华园东村在外来人口流动性和社区功能混杂性方面表现最为突出。结合中华园街区在老旧小区改造方面已经形成的经验基础，在中华园东村老旧小区改造设计实践过程中，进一步探索住区—街区—城市联动的老旧小区改造方式。面对昆山市在城市发展过程中出现的外来人口聚集现状和城市品质提升要求，通过中华园街区的宜居改造，切实改善人居环境，以适应外来人口和常住居民对居住空间的品质要求，有助于外来人口素质提升，有效反哺常住居民民生。其根本性的目的在于，通过社区更新促进城市更新，让社区空间融入城市功能；以城市视角关注社区发展，以城市发展带动社区发展（图4-12）。具体主要在群众参与机制、整合利用机制、项目生成机制方面进行深入实践，进一步探索后续运营和金融支持方面的有效途径。

4.5.1　群众参与机制：城市社区联动的共同缔造实践

　　昆山中华园街区在老旧小区改造的实践中，运用改造内容"十项菜单"和工作推进相应的"四个机制"，持续践行探索从住区到街区的宜居城市建设路径。老旧小区改造工作兼顾"物本改造"和"人本治理"，逐步形成以老旧小区改造为工作抓手的昆山"共建共治共享"的城市精细治理格局。

　　在中华园东村的改造实践过程中，在社区到街区的基础上，更进一步让老旧小区成为城市功能重要的有机单元。本次老旧小区改造方案设计的过程中，除了对原住居民征求改造意愿，更走出小区面向城市，凝聚社区围墙内、外多方意见，向各类会与东村发生关系的市民和外来租户征求改造诉求，形成符合居民意愿和城市发展需求的改造内容的分级菜单，能够实现"满足百姓所需，完善街区所求，修补城市所缺"。

1）意愿征求方法设计

为了进一步明确改造提升的要点，精准匹配户籍人口和常住租户人群诉求，中华园东村改造的意见征求采取问卷与访谈结合的方法，对于常住户籍人口，尤其是居住于此的老人，与街道、住建局主要负责人在现场通过入户访谈进行调研；对于常住外来人口，主要通过网上问卷调查的形式，探究社区存在的主要问题，切实了解居民改造需求及明确重点改造方向（图4-13）。

通过意见调查发现：常住租户的主要需求有交通的有序化、入口景观的提升、利用畸零地打造小微活动场所以及住区环境特色与文化氛围的提升；户籍居民的需求主要是交通的有序化、无障碍设施的完善、公共空间硬件设施的人性化要求以及安防设施的完善（图4-14）。

通过对四类人群的调研访谈，总结归纳出对应的四类需求：常住且有出租房屋人群更关注停车问题和基础公共服务设施的完善；常住但无出租房屋人群更关注安静的小区环境和健身设施；常租人群更关注停车和休闲娱乐设施的设置；短租人群则更关注公共设施和便民设施的配备。以上受访者反映的诉求都急需完善。另外，安全作为第一保障，是所有受访者都关心的问题，而小区目前安全系数低的问题亟待改善。

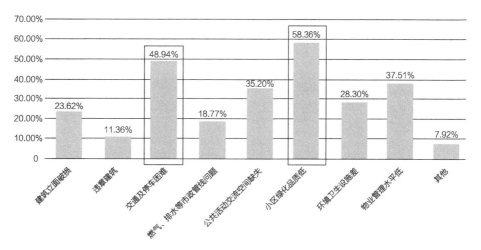

图4-13 社区空间主要问题

图4-14 改造诉求和意见征求工作

2）改造分级菜单明确

改造内容应当包含改善建筑质量、消除安全隐患、保障基础设施安全供应、改善交通及停车设施、保障小区环境整洁卫生、方便居民日常生活、以人为本改善公共活动空间、提升绿化环境景观、规范物业管理、建立长效机制共十项工作。这十项工作分为三级：基础类、完善类、提升类（图4-15）。基础类工作主要针对老旧小区的改造，一共包含33个项目，目前已经达标25项，主要缺项点在于消除安全隐患、交通停车设施改善和公共活动空间完善。完善类工作针对宜居街区的创建，一共包含25个项目，主要完善内容要点在于进一步挖掘小微空间、丰富服务设施、提升社区形象。提升类工作针对完整社区的营造，一共包含9个项目，主要提升要点在于联动周边社区、形成宜居街区。目前中华园东村改造工作的主要任务为尽快覆盖基础类内容，重点聚焦于完善类内容，并探索完整社区营造方式。

4.5.2 整合利用机制：基于存量资源盘整的改造实践

合理整合利用老旧小区内部空间资源是改善小区内部空间混杂、解决空间使用矛盾的最有效方法。老旧小区改造通过中华园东村公共空间"24小时使情况摸查"和入口空间详细调研，整合小区内部存量资源，营造宜居空间，激活消极空间。

	改善建筑质量	消除安全隐患	保障基础设施安全供应	改善交通及停车设施	保障小区环境整洁卫生	方便居民日常生活	以人为本改善公共活动空间	提升绿化环境景观	规范物业管理	建立长效机制
老旧小区改造 **基础类内容**	☑保证房屋正常安全使用 ☑整治违章搭建	☑保证消防系统的安全运行 □完善安防设施，保障居民出入安全 ☑满足应急防灾管理需要	☑更新改造老化落后设施 ☑实施雨污分流改造 ☑整治"三线"私拉私接现象 ☑完善公共区域照明 □推进5G网络建设	☑交通序化与道路设施更新维护 ☑满足日益增长的停车需求 ☑设置电动自行车充电设施	☑清理小区脏乱环境 ☑加强小区日常环卫保洁工作 ☑设置生活垃圾分类投放设施	☑老旧小区5分钟服务设施配置内容 ☑合理设置快递投放位置 ☑设置老年助餐点 ☑统一布置室外晾晒设施 ☑提供方便可寻的公厕 ☑为居民和来访者提供清晰的指引标识	☑配建一定面积的室外活动场地 ☑提供老人、儿童活动场地 ☑完善无障碍设施 ☑公共空间硬件设施应符合人性化要求	☑多方式提高小区绿化率 ☑市政设施景观化处理	☑配置物业管理用房 ☑政府托底的物业管理 □引导小区成立业委会等自治组织	☑提供党群服务（社区服务）中心 ☑提供多样化的信息沟通渠道
33个项目，达标25个 主要缺项点在于消除安全隐患、交通停车设施改善和公共活动空间完善										
宜居街区创建 **完善类内容**	□改善建筑外观形象提高节能性能 □鼓励加装电梯	□建设公共设备智能监控系统 □建设家居安防应急联动系统	□建设海绵设施，促进水资源集约利用	☑提升小区人行环境品质 □优化出入口空间 ☑完善道路稳静化设施 □设置或预留电动汽车充电设施 □建设立体停车设施	□运用智能化减少垃圾分类收集效率	□有条件的小区设置老年日间照料中心 □适当预留场地布置临时便民设施	□利用畸零地打造小微活动场所 □建设小区环形健身步道	□提升入口景观 □提升围墙艺术性和功能性 □提升住区环境特色与文化氛围	□鼓励小区引入市场化专业物业管理服务 □有条件的小区可以提供物业人员住宿	□培育志愿者队伍 □引入社区设计师 □鼓励引入专业社区运营机构 □广泛运动社会力量 □多渠道筹措改造资金
25个项目 主要完善内容要点在于进一步挖掘小微空间、丰富服务设施、提升社区形象										
完整社区营造 **提升类内容**		□完善小区及周边疏散避难设施		□运用智慧手段实现小区内外停车设施共享		□挖掘周边资源完善社区服务 □提供服务便利的商业网点 □提供就近的社区卫生服务 □提供5分钟可达的公交站点	□打造小区周边美丽街道 □多方式连通形成社区绿道		☑化零为整，统一物业管理	
9个项目 主要提升要点在于联动周边社区、形成宜居街区										

图4-15 中华园东村改造分级菜单

1）公共空间——"24小时使用情况摸查"

中华园东村公共空间虽然绿地率高，但多为不与人亲近的消极空间，人群无法进入；由于绿地景观质量较低、使用不便，无法为人群提供优质的休闲服务功能；在可使用的绿地范围内功能混杂，居民在绿地内晾晒衣物、乘凉聊天，绿地内的功能缺乏梳理。以上种种问题使积极的绿色空间变得消极。

2）入口空间——详细调研

由于中华园东村周边城市道路等级差异大，在"24小时使用情况摸查"的基础上，需要进一步对小区四个主要入口进行详细调研，反馈相应问题，从而系统解决小区交通问题，提升小区门户形象。

东入口是小区去往综合保税区最便捷的出口，现状封闭，仅作为临时入口，入口周边场地目前主要用于小区公共停车。由于其距离各楼门距离均较远，主要服务于中华园街区内商户，停车位常年被久停的"僵尸车"占据，场地内少有人员活动，属于治安盲点，存在安全隐患。未来泰山路升级改造中该入口势必重新打开，如何改造好简陋的东入口形象，利用好入口南侧现状使用消极的绿地空间，解决好小区内部机动车停车问题是需要重点考虑的问题。

南入口的问题包括广场空间单调、品质差，居民使用率不高，绿地空间不可进入，空间消极；南入口广场停车混乱，机非混停，入口空间形象差，并且南口外围小区停车场停车也同样混乱，被大量外来车辆占用，缺乏管理；广场两侧店铺周边环境卫生状况差，亟待改善；南入口对外机动车出入口距离城市道路交叉口过近，易产生交通拥堵和交通事故，在南入口门卫岔口处经常有交通事故发生，安全问题突出。

西入口的特点为人流密集，存在以下问题：出入口多，安全性差，西入口紧邻的和群市集分别向小区内和小区外开口，人流混杂，安全性差，机非混行，交通冲突明显，并且由于小区没有人员安检，外来人员可随意入内；租户和务工人员多在西入口聚集，和群市集在小区内外各有开口，人流杂乱，聚集点多；西入口多为交通通行及停车空间，形象品质很低；市集广场环境脏乱差，店铺随意向地面排水，和群市集临街店铺门前环境卫生问题突出；在西入口一侧居民楼围墙过高，封闭性太强，且色彩与周边不协调，总体形象和环境较差；西入口机动车和非机动车停车无序，机非混停，空间杂乱，市场前非机动车停车场地及停车棚利用率也不高。

北入口特点在于入口及其周边的场地主要以交通通行为主，但是由于通行目的主要为小区的幼托服务，整体空间消极、活力不足，并且入口空间的标志性较差。

3）社区用房

中华园东村的社区用房应在为街区提供社区服务设施的基础上提供场地，进一步为务工租住人群提供工作培训、个人进修的空间，甚至成为可供出租的培育科创产业的工作室。

4.5.3　项目生成机制：面向多元诉求的操作实施

1）安全有序：消除安全隐患，改善交通及停车设施

入口整合优化，安全通道明晰：针对小区入口过多，内部交通混杂的问题进行入口整合的优化，明确安全通道（图4-16）。具体的工作要点包括：优化整合车行主入口空间；划定保障消防系统的安全运行和应急防灾管理通道；完善安防设施，保障居民出入安全。具体工作为：将西、北、东三处入口规划为人车共行

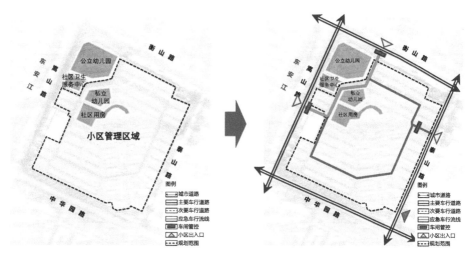

图4-16 安全有序：入口优化整合、安全通道明晰

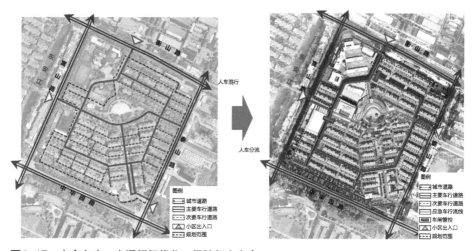

图4-17 安全有序：交通组织优化，保障行人安全

出入口，南入口规划为应急车行出入口，平时只作为人行通道；改变小区内车行道密布的现状情况，进行人车分流，明确主要车行通道。

交通组织优化，保障行人安全：针对人行空间散碎以及存在的安全隐患，对交通组织进行优化，保障行人安全（图4-17）。具体工作要点包括：划分居住组团邻里空间，进行人车分流；结合道路和组团空间，适当补充各类停车设施需求；完善无障碍设施和入户安保设施。具体应结合居住组团划分，合理组织车行流线，减少跨组团车辆通行。主要采取两方面的工作：实施居住组团化管理，减少现状小区内车行路口的交错现象；设置组团弹性出入口，平时作为人行出入口布置可移动花箱。

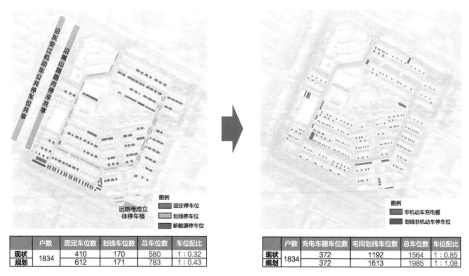

	户数	固定车位数	划线车位数	总车位数	车位配比
现状	1834	410	170	580	1:0.32
规划		612	171	783	1:0.43

	户数	充电车棚车位数	宅间划线车位数	总车位数	车位配比
现状	1834	372	1192	1564	1:0.85
规划		372	1613	1985	1:1.08

图4-18 安全有序：打造智慧停车街区，内外停车共享

　　打造智慧停车街区，内外停车共享：针对停车空间不足、使用效率不高的问题，打造智慧停车街区，实现内外停车共享（图4-18）。主要的工作要点为：运用智慧手段实现小区内外停车设施共享；建设立体停车设施，设置或预留电动汽车充电设施。具体的实施手法为：结合最新的交通组织安排，优化小区内机动车停车布局，规划机动车停车位共计801个，其中固定停车位中预留52个新能源停车位；保留现状非机动车充电棚，并结合单元入户空间以及小区闲散空间合理布置非机动车停车位，规划共计1985个非机动车停车位。

　　2）环境优美：改善公共活动空间，提升绿化环境品位

　　整体改造的目的是要尊重场地现状、提升绿化品质，因此改造原则为尽可能保留现状乔木，在重要节点适当设置花树，激活场地增加便民互动功能（图4-19）。根据改造内容分级菜单，确定本次老旧小区改造完善类的工作内容为：利用畸零地打造小微活动场所，建设小区环形健身步道，提升住区环境特色与文化氛围。通过对公共空间的盘整，结合以上三条原则与三类工作内容，最终确定了串联社区服务中心，共构街区共享轴；补充必要活动场地，打造社区活力轴；利用现有存量空间，营造组团邻里园的三项改造方法。以此全面改善公共活动空间，提升绿化环境品位。

　　串联社区服务中心，共构街区共享轴：街区共享轴的构建会串联中华园西村与东村，服务于整个中华园街区（图4-20），提供社区服务、图书自助、大型集会、休闲健身、老年活动、儿童游乐等多样性的集体性活动，整体提升街区活力，实现功能的共享。

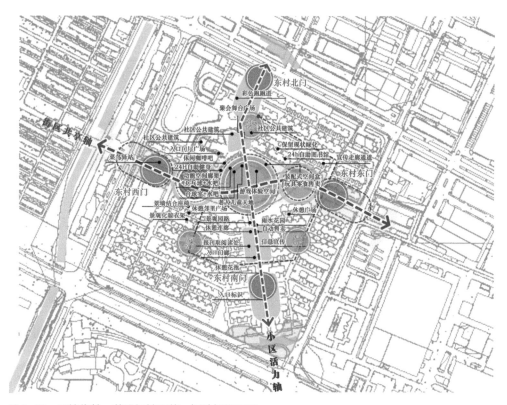

图4-19 环境优美：尊重场地现状，提升绿化品质

串联社区服务中心，共构**街区共享轴**

服务范围：
□ 中华园街区

主要功能：
□ 社区服务、图书自助、大型集会、休闲健身、老年活动、儿童游乐等集体性活动

图4-20 环境优美：街区共享轴

图4-21 环境优美：社区活力轴

　　补充必要活动场地，打造社区活力轴：社区活力轴的构建主要服务于中华园东村的居民，提供便民服务、休憩交流、信息交互、文化宣传、自助售卖等小区内服务功能，拓宽了活动的范围，丰富了活动的多样性，提升了居民的生活（图4-21）。

　　利用现有存量空间，营造组团邻里园：通过对现有存量空间的盘整，划分为三个组团邻里园——"和谐坊""宜居园""幸福里"，营造宅间生活坊，在组团中心设计活动空间，布置小型健身器材，优化景墙、坐凳，增植景观绿树并对人行道进行彩色化处理，使每个组团均享有便利的活动空间，提供可进行日常会面、健身康体、邻里休闲的活动场所（图4-22）。

　　3）服务便利：方便居民日常生活，适应城市发展升级

　　（1）改造社区用房

　　中华园北村的社区用房建筑面积为4936平方米，可以用作街道党建文化办

图4-22 环境优美：组团邻里园

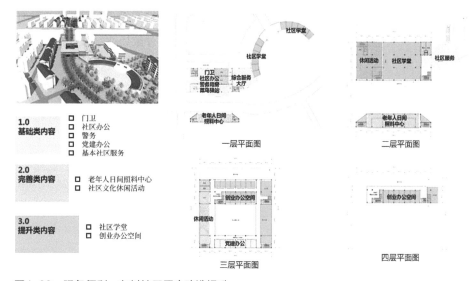

图4-23 服务便利：东村社区用房改造提升

公、滨水社区文化中心、社区红白喜事大厅、室外草坪婚礼场地。而中华园西村社区用房建筑面积为7780平方米，可以用作物业用房办公区、助残服务日间照料中心、街区礼堂或报告厅。相较于中华园北村和西村，中华园东村在空间位置上更靠近出口开发区，为务工人员提供了经济、可靠的住宿服务。中华园东村的社区用房应在为街区提供社区服务设施的基础上提供场地，进一步为务工租住人群提供工作培训、个人进修的空间，乃至培育科创产业的工作室（图4-23）。

通过案例研究发现，可以利用社区用房为居民提供日常的晚托、技能培训等多种服务，提供自主创业平台。杭州江干区天成社区联合辖区里的濮家小学开办了"社区书房"，以缓解孩子放学后家长大多还在上班，"空档期"托管难的普遍现象。深圳的清湖社区面向务工人员开办社区学堂，提供必要的业余培训服务。根据服务人群类型的不同，合理安排社区活动中心的空间功能，为小区内部人群和外来务工人群提供多样化的功能服务。目前在昆山"2.0"阶段需要提供老年人的日间照料服务以及社区文化休闲服务，并为"3.0"阶段发展预留出足够的空间。

（2）营造小区门户空间

以小区主要入口西入口为例，进行入口场地整体设计，协调与和群市集之间的关系，通过精细设计疏导交通流线并划分停车空间，结合市集前广场及入口道路统一设计，提升区域整体形象（图4-24）。市集前广场非机动车停放场地进一步集约化，移至广场一侧，增加居民活动面积。规范临街店铺，保证店铺形象、广场环境整洁。改造西入口围墙，采用镂空式隔断，色彩与周边环境统一。西大门建筑设计应简约开放，并形成西入口的开敞场地、交往活动空间。

和群市集出入口改造：和群市集入口对外开放，小区内不设置出入口，提高小区安全性。市集前广场改造为公共活动广场，取消大面积非机动车停车场地。

节点设计，疏导人流：西入口外的城市公共建筑应去低端化，打造路口公共

图4-24　服务便利：东村西入口空间整合优化

空间，结合西入口一同进行场地设计，将西入口人流适当引入城市公共空间区域。结合西大门设置集中便民服务设施，消减西入口人流。人多多人力资源公司集中迁至新建社区中心。取消公共卫生间门前集中的非机动车停放场地，释放场地形成带形广场空间。

交通、停车空间划分：西入口北侧设置为机动车道，人行及非机动车道统一集中在西入口南侧，结合市集前广场连片设计。明确区分机动车和非机动车停放场地。禁止西入口内侧机动车和非机动车停放。

（3）构建两轴社区会客厅

预留装配式建筑空间，采用不连续的设计，提前敷设水电管网，未来根据需求将模块放置于大树之间的空档，从而完善功能。景观廊构筑物位于原车行道路位置，不影响现有乔木、植被（图4-25）。

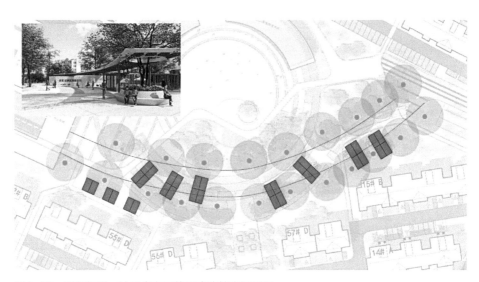

图4-25　服务便利：社区会客厅装配式建筑空间预留

（4）单元入户空间改造

根据单元楼道入户以及车库开口位置，把单元入户空间主要划分为三类，并结合三类空间进行模块化设计，满足不同居民的使用需求（图4-26）。北入户与南入户：功能布置以休憩座椅、晾晒、非机动车停放为主，适当布置机动车停车。北入户与南封闭：功能布置考虑宅间北侧靠近单元入户处，以休憩座椅、晾晒、非机动车停放功能为主，宅间南侧以机动车停放为主。北车库与南入户：布置休憩座椅，非机动车停放设置在宅间南侧，宅间北侧主要布置晾晒设施。

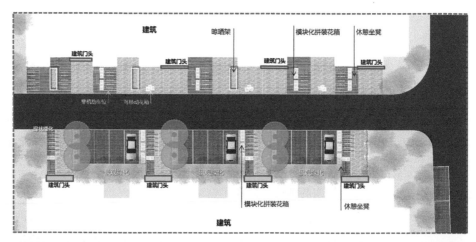

图4-26 服务便利：单元入户空间模块化设计

建筑的北入户空间主要增设休息坐凳、模块化拼装花箱以及晾晒架。在北车库空间，在增设休息坐凳、模块化拼装花箱的基础上增加非机动车停车位，并通过可移动花箱规范入户空间。

建筑南入户存在入户门厅，可进行空间挖潜，增设休憩坐凳与模块化的拼装花箱，并通过景观绿化限定出机动车停车空间。目前小区存量空间建筑面积约1600平方米，实际可利用的有效空间建筑面积约800平方米。

4.5.4 后续运营和金融支持：相关机制探索思考

住区街区联动塑造面广量大，单纯依靠政府投入难以为继。为有效破解这个

"卡脖子"难题，昆山在坚持政府引导的基础上，还积极探索相关配套机制，进一步激发多元主体参与的积极性，多措并举，推动市场机制引入。

4.6 住区—街区—城市联动的"昆山之路"

在中华园东村的老旧小区改造过程中，探索从城市视角出发、社区与城市共融的改造方法，通过挖掘社区价值，探索社区和城市互促之路。在改造项目生成机制方面，形成了满足百姓所需、完善街区所求、修补城市所缺的改造内容生成方法。在存量资源合理利用机制方面，形成了从社区到城市、从家门到社区入口，城市和社区交互的社区存量空间资源利用方式。在社区力量参与机制方面，形成了社区支撑城市、城市反哺社区的共同参与方式。

第 5 章

陕西延安:
从"双修"到"双改"
的延安实践

5.1 延安概况

　　延安市地处黄河中游、陕西省北部，北连榆林，南接关中咸阳、铜川、渭南三市，东隔黄河与山西临汾、吕梁相望，西邻甘肃庆阳。延安市总面积37037平方公里，地貌以黄土高原、丘陵为主，被誉为"三秦锁钥，五路襟喉"（图5-1）。

　　延安是中华民族重要的发祥地，我国著名的革命圣地、精神圣地、首批国家历史文化名城，全国爱国主义、革命传统和延安精神三大教育基地。随着时代和城市建设的发展，延安中心城区大量建成于2000年前后的小区已然成为老旧小区，建筑环境破败、公共空间缺失、基础设施老化等问题突出。在新一轮城镇老旧小区改造启动之际，延安抓住发展机遇，以"城市双修"促"城市双改"，推进老旧小区改造工作。

　　延安城镇老旧小区改造工作有三大特色。其一，规划引领，分类指导。编制《延安市中心城区老旧小区改造总体规划》，结合延安老旧小区特点，鼓励打破小区分割，统一规划设计，进行集中连片改造，实现区域空间共有共享，区域资源统筹配置。编制《延安城镇老旧小区改造规划设计导则》，从8个技术方面和4个机制保障方面提出了具体要求、策略和措施。其二，试点探索，机制创新。依据《延安市

图5-1　延安山城风光
（来源：延安告别绝对贫困［EB/OL］．［2019-05-01］．http://www.yanan.gov.cn/xwzx/
bdyw/383056.htm．）

中心城区老旧小区改造总体规划》，选取4类典型片区，通过典型片区老旧小区改造方案设计、改造实施，总结延安城镇老旧小区改造的好的经验、做法，向全市域推广实施。其三，简化程序，加快推进。在相关规划、用地审批工作中，采取"分类施策、高效推进"的办法，加快老旧小区改造规划、用地审批工作。

5.2 延安城镇老旧小区改造工作背景

5.2.1 前期延安"城市双修"工作概况

经过几十年的快速发展，延安取得巨大发展成就的同时也带来了一系列城市问题：圣地风貌特色逐渐削弱，山川、河流等生态空间破损严重，历史文化名城保护压力加大，道路拥堵日益加剧，基础设施建设滞后，城市空间缺乏魅力。2017年，延安市被确定为全国第二批"城市双修"（城市修补、生态修复）试点城市。成为试点城市以来，延安围绕"推动圣地延安转型发展，促进山水人城融合互动"目标，把"城市双修"作为有效治理"城市病"、补齐城市短板、实现城市有机更新的有力抓手。

延安"双修"技术路线从"总体规划—专项规划—详细规划设计"三个层级开展工作（图5-2、图5-3）。总体规划层面，以80平方公里的中心城区为规划范围，

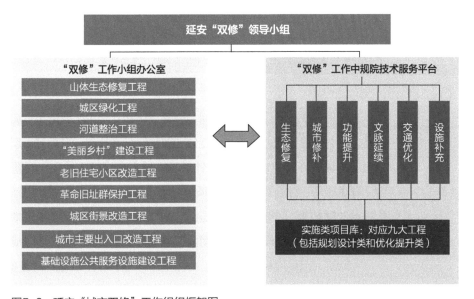

图5-2 延安"城市双修"工作组织框架图
（来源：中国城市规划设计研究院. 延安市中心城区"生态修复城市修补"总体规划［R］. 2018.）

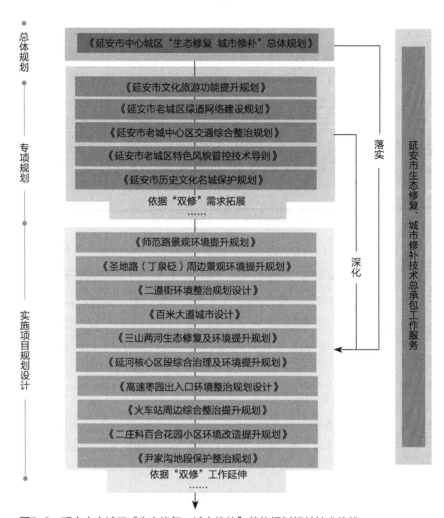

图5-3 延安中心城区"生态修复、城市修补"总体规划相关技术路线
（来源：中国城市规划设计研究院. 延安市中心城区"生态修复 城市修补"总体规划［R］. 2018.）

从生态环境、城市风貌、公共空间、公共设施和社会民生等诸多方面提出"双修"策略，并制定逐层推进、切实可行的"双修"行动计划。专项规划层面，以30平方公里的老城核心区为规划范围，针对延安城市建设面临的突出问题，开展文化旅游、绿道网络、综合交通、特色风貌和名城保护5个专项规划，为延安"双修"工作提供专项支撑。详细规划设计层面，结合城市突出问题，选择近期重点改造提升地段，进行详细规划设计，在短期内取得成效，展现"双修"实施成果。

"双修"工作实施方案明确了山体生态修复、城区绿化、河道整治、"美丽乡村"建设、老旧住宅小区改造、革命旧址群保护、城区街景改造、城市主要出入口改造、基础设施公共服务设施建设共九大工程，突出节点、抓住重点、统筹次序、强力推进，先后形成了以"城市双修"总体规划、中心城区城市设计方案为主，以5个专项规划、2个片区控制性详细规划、14个城市设计、47个重点项目规划设计方案为辅的城乡规划体系，实现了城乡规划、城市设计全覆盖，为转变城市发展方式，加快构建空间布局合理、结构功能互补、生态环境协调、基础设施共享、社会服务完善的现代城市格局奠定了扎实基础。

5.2.2　近期陕西及延安城镇老旧小区工作部署情况

省级层面，陕西省住房和城乡建设厅、发展和改革委员会、财政厅共同印发《关于推进全省城镇老旧小区改造工作的实施意见》（陕建发〔2019〕1189号），提出从2019年起，逐步实施老旧小区改造工作，按照年度改造计划，精准施策，基本完成城市、县城老旧小区改造任务。2019年陕西省争取中央城镇老旧小区改造资金23.71亿元，支持全省57个城镇老旧小区改造项目和165个城镇老旧小区改造配套基础设施项目，惠及13.97万户居民。2020年陕西省计划改造城镇老旧小区2877个、涉及36.4万户居民、9529栋楼，建筑面积3312.39万平方米，投资192.49亿元。陕西省编制了《陕西省城镇老旧小区改造导则》和《陕西省城镇老旧小区改造技术指引》，指导陕西省城镇老旧小区评估、方案设计、成果审查等改造工作中的各相关环节工作。

2021年1月，陕西省住房和城乡建设厅同发展和改革委员会、陕西省财政厅先后印发《关于全面推动城镇老旧小区改造暨"美好环境与幸福生活共同缔造"活动的实施方案》（陕建发〔2021〕1号）、《陕西省城镇老旧小区改造工作评估办法》（陕建发〔2021〕9号）。《关于全面推动城镇老旧小区改造暨"美好环境与幸福生活共同缔造"活动的实施方案》提出"十四五"期间，全省计划改造城镇老旧小区近1万个，惠及约100万户居民；到"十四五"期末，结合各地实际，力争基本完成2000年底前建成的需改造城镇老旧小区的改造任务，建设环境整洁、设施完善、绿色生态、安全有序、管理规范、和谐宜居的"美丽幸福小区"。

延安市级层面，2019年以来，延安市把老旧小区改造作为"城市双修"的一项系统工作，将老旧小区改造工程作为"城市双修"九大工程之一，细化分解落实，并制定出台了《延安城区老旧小区改造三年（2019—2022）行动计划》（延物改字〔2019〕1号）、《关于加快推进老旧小区改造工作的实施意见（试行）》（延区办发〔2019〕8号），计划三年改造老旧小区346个。2019年11月，延安市住建局、发改委、财政局共同印发《关于推进全市城镇老旧小区改造工作的实施方案》（延市住建政发〔2019〕104号），实施方案确定了四大基本原则、四大改造内容和五大工作要求。延安老旧小区改造工作与小区物业管理改革融合推进、统筹实施，补齐城市短板，完善城市功能，着力治理"城市病"，走出老旧小区改造和物业管理改革，即城市"双改"工作融合推进的"延安探索"之路，助力城市有机更新。

5.2.3　延安推进城镇小区物业改革工作部署情况

物业服务管理改革是延安市推进城市"双改"工作的重要组成部分。为进一步理顺物业管理体制，推进物业管理重心下移，充分发挥属地管理主体作用，切实提升物业服务水平，营造更加美好的生活环境，结合城区实际，2019年5月，延安市出台了《关于构建以区为主体的城区物业管理体制的意见》（延政函〔2019〕81号），以提升物业服务质量为核心，全力推动物业管理逐步实现社会化、市场化、专业化、规范化发展，共提出五大工作原则，并完善保障扶持措施，确保属地管理工作落实。

为推进延安城区物业服务管理改革，延安城区物业服务管理改革工作领导小组发布《延安城区物业服务管理改革工作领导小组关于印发〈延安城区物业项目服务退出管理办法〉等11项物业管理配套制度的通知》（延物改字〔2019〕1号），包括《延安城区物业项目服务退出管理暂行办法》《延安城区物业社区化管理的实施意见》《延安城区老旧小区物业管理工作实施意见》《延安城区前期物业管理招投标实施办法》等附件。各项制度就物业管理准入退出、不良行为惩处、项目经理信用管理、老旧小区改造、物业社区化管理、招投标管理、住宅专项维修资金管理等涉及物业管理的具体事宜进行了明确规定，为规范城区物业管理、形成长效管理机制提供了有力的政策支撑和制度保障。

5.3　延安城镇老旧小区现状调研及问题解析

5.3.1　延安城镇老旧小区整体概况

延安市是我国重要的精神圣地、民族圣地和革命圣地，在城市建设发展的现阶段，十分有必要借老旧小区改造之机，改善民生，提升人居环境品质，促进城市均衡发展，增强延安城市发展持久动力。项目组对延安中心城区和下属县城共256个城镇老旧小区进行了多次普查研讨（图5-4、图5-5），共涉及32121套住宅、9.5万名居民，收集有效信息数据14080条。

图5-4　延安老旧小区调研现场及会议讨论照片

图5-5　延安老旧小区分布情况

　　整体来看，延安城镇老旧小区具有8个主要特征。一是建筑年代范围较广，其中以1990～2000年为主，占比超过5成，且距离市中心越近，老旧小区年代相对越久远。二是小区住宅建筑层数以6、7层为主，占比超过八成，电梯加建需求较大。三是小区住宅以单位产权为主，占比超过七成，居民中原单位职工占比较低，占比不足一半的小区达六成之多。四是小区规模分布呈现小依附、大集聚的特点，即超过七成的小区只有一两栋住宅楼，且诸多老旧小区依附于单位建设，同时老旧小区分布相对集聚，形成一个相对大规模的居住组团。五是小区线网下地、安防、屋顶防水等基础设施方面评分较低，线网杂乱、安防系统薄弱、屋面防水欠佳问题突出。六是小区绿地、环境、慢行系统评分较低，存在活动场地局促、杂物堆放凌乱、绿化活动空间缺乏等问题。七是小区内部服务设施相对匮乏，如老人日间照料、幼儿园、卫生站等服务设施亟待补足完善。八是市域老旧小区相对市区老旧小区更加小而散，县城老旧小区规模更小，分布更加分散，配套设施难增补，难以形成社区共享机制。

5.3.2　问题困境之一"小"

据调研统计，延安城镇老旧小区中有超过七成只有一两栋住宅楼，且占地面积不足5000平方米的老旧小区接近六成，用地十分紧张，"牵手楼"情况严重。小区空间小也使得小区内部停车空间窘迫、活动场地局促、绿地空间不足等问题突出。相对于中心城区，下属县城的老旧小区规模较小，分布分散，难以开展配套增补（图5-6）。

活动场地局促　　　　　　杂物堆放凌乱　　　　　　缺乏绿化活动空间

图5-6　延安老旧小区现状规模小、用地紧张

5.3.3　问题困境之二"杂"

延安城镇老旧小区情况复杂，不同年代、性质、产权的建筑混杂（图5-7、图5-8）。首先，老旧小区建筑年代范围较广，最早至1958年，最近的为2011年，超过一半的老旧小区建成于1990~2000年。其次，不同性质的建筑交织在一起，如历史建筑、新建建筑、当地特色民居等与老旧小区混杂，建筑风貌很不协调。最后，虽然多数老旧小区属单位产权，但小区居民中原单位职工占比较小，人员构成复杂，为老旧小区改造的实施和管理带来了一定的阻力。

| 1980以前
区房地产经营管理
总公司家属楼 | 1980～1990年
大礼堂政府家属院（旧） | 1990～2000年
市体育场家属楼 | 2000～2008年
新洲花园 | 2008年以后
慧泽山庄 |

图5-7 不同年代延安老旧小区建筑现状

图5-8 不同类型建筑与老旧小区交织现状

5.3.4 问题困境之三"缺"

延安城镇老旧小区内部服务设施缺乏，亟待补足完善。据调研统计，老旧小区中配套老人日间照料中心、卫生服务站、幼儿园、服务站、文化活动中心或菜市场等基本服务配套设施的数量皆不足一成。现有部分服务设施则存在标准较低、人性化不足的情况，如适老设施不完善、幼儿园日照不足等（图5-9）。老旧小区中住宅建筑层数以6、7层居多，且基本没有配备电梯。

老年活动室台阶过陡　　　幼儿园日照不足　　　停车场地不足

图5-9　延安老旧小区服务设施缺乏现状

5.3.5　问题困境之四"堵"

　　道路不畅、停车不足是延安城镇老旧小区主要特点（图5-10）。停车不足主要是由于老旧小区规模小，用地紧张，空间局促。而道路不畅的主要原因在于老旧小区之间围墙阻隔严重，尽端路多，产生了很多低效空间，未能形成良好的空间流线微循环。由于空间局促，老旧小区内多狭窄通道，停车困难，机动车侵占消防通道的现象十分突出。

围墙阻隔　　　　侵占消防通道　　　　　　　通道狭窄

停车困难　　　　　　　　尽端路，未形成微循环

图5-10　延安老旧小区道路不畅、停车不足现状

建筑外立面颜色未达成共识　　建筑外立面造型过多　　建筑外立面颜色过重

文化特色未体现　　　　　　　历史风貌未协调　　　　线网待整理

图5-11　延安老旧小区风貌杂乱现状

5.3.6　问题困境之五"乱"

延安老旧小区"乱"的问题主要体现在小区风貌迷茫，空间杂乱（图5-11）。一方面，老旧小区建筑外立面造型过多，立面色调不一，未形成统一，并且有些外立面颜色过重，与周边不协调。另一方面，延安作为国家历史文化名城，其城市文化特色未能在小区建筑上得到很好体现，且小区建筑风貌未能与周边历史建筑风貌相协调。小区内各种标识没有统一风格，存在私搭乱建现象，线网错乱穿插也影响到延安老旧小区的风貌。

5.3.7　小结

延安市老旧小区存在的问题具有一定的代表性和特殊性。一方面，老旧小区建设年代较早，当时还没有相应的标准、规范来控制，建设标准较低，导致其服务设施缺乏、道路不畅、停车不足；另一方面，由于延安市土地狭长，可利用土地十分紧张，所以老旧小区往往规模较小、产权复杂，为改造带来较大困难。此外，延安作为国家历史文化名城，对城市风貌要求较高，而老旧小区中有很多临街，或者紧邻城市重要的公共空间、历史保护建筑，因此需要对其风貌进行控制与指引。总的来看，延安市老旧小区存在的问题可概括为"小""杂""缺""堵""乱"五大方面，即老旧小区规模小、情况复杂、服务设施缺乏、道路不畅、风貌迷茫。

针对以上问题，如何对症下药，如何突出问题重点解决、特殊问题针对解决，提出更为科学有效的改造策略是本次延安城镇老旧小区改造的重中之重。

5.4 延安老旧小区改造策略思考

5.4.1 改造评估先行

延安老旧小区年代分布较广，建筑质量状况差异较大，并且一些老旧小区涉及历史保护建筑，所以，在改造之前，应该先进行调查摸底以及评估工作，包括民意征询、需求评估、出资情况、现状摸底、上位规划要求、政策依据等。

通过对小区建筑的建筑质量、形象、结构、风貌及功能完整性等多方要素的评价，确定采取"留""改""拆"三种方式并举的规划设计策略。对于建筑质量、建筑形象及风貌较好，满足正常的生活居住需要的建筑采取保留措施；对于建筑主体结构完整，能够正常生活生产，但存在漏水、不保温、立面不美观、设施不完整等可通过修缮解决问题的建筑采取整改措施；对于建筑存在较大安全隐患，或在经济实用性及历史保存性等方面不值得再投资的建筑采取拆除措施。

5.4.2 存量资源挖掘

针对延安老旧小区设施缺乏、停车困难等问题，提出存量资源挖掘策略，主要分为三种途径。第一种是利用小区内、外现状闲置、弃置的空地，将其改造社区居民适宜休憩的公共空间或者停车空间等。第二种是利用拆除腾退用地，拆除小区周边围墙及违建物，打通院落并且疏通道路。一方面，通过拆除腾挪出新的可利用空间，改造为活动空间或者停车空间；另一方面，空间打开后，可以实现邻近社区公共服务设施的共享。第三种是存量建筑改造，利用小区闲置的门房、库房、人防工程等，改造为社区便民设施、活动中心等（图5-12）。

5.4.3 连片统筹打造

延安市老旧小区存在小而杂的特点，并且分布相对集聚，可采取连片统筹打造策略，形成一个相对大规模的居住组团，这样既能解决老旧小区小而杂的问题，实现统一规划、统一管理，同时还能通过共享来弥补服务设施配套不足的问题。主要路径可总结为划分单元、统一规划、拆除围墙、设施共享。划分单元主要参考行政管理边界以及5—10—15分钟生活圈的范围，将相对集中的若干个老旧小区合并成一个单元进行统筹，拆除部分小区围墙，大片区统一配置服务设施，共同规划，补齐公共配套短板。

小区内、外现状空地　　　　拆除腾退用地　　　　存量建筑改造

图5-12　存量资源三类挖掘途径示意图
（来源：右图，全联房地产商会城市更新和既有建筑改造分会．北京劲松社区自行车棚改建前
后对比，2020．）

5.4.4　完整社区建设

完整社区是指在居民适宜步行范围内，有完善的配套设施、适宜的活动场地、健全的服务体系以及共同的社区文化，形成居民归属感、认同感较强的居住社区，是居民生活、社会治理和城市结构的基本单元。

完整社区一般由城市支路围合而成，用地规模8～20公顷，人口规模0.5万～1.0万人，步行时间为5～10分钟。一般由9～12个完整社区组成一个城市功能单元，人口规模5万～10万人，能够提供更加完善的城市服务。

应结合住建部重点工作，融合完整社区理念，借助老旧小区改造的契机，完善社区基础设施和公共服务，创造宜居的社区空间环境，营造体现特色的社区文化，推动建立共建共治共享的社区治理体系。

5.4.5　交通微循环组织

交通微循环组织的主要目的为增加城市支路、缓解交通压力。通过拆除围墙、打通断头路、清理停车占道等手段，打通城市支路，改善交通微循环，缓解交通压力，提升步行环境。例如北京朝阳区的交通微循环实践，将既有50个老旧社区打通内、外道路微循环，建立交通疏导系统。三丰里社区在6条主要道路上拖走了35辆占道"僵尸车"，重新施划了超过2000米的交通标志线，设置了9300

米的道路隔离护栏，解开了困扰多年的交通"死扣"。

通过调查研究，建议按不同地区类型划定社区交通微循环参考范围值。

①公共活动中心、商业中心。路口间距推荐值80～120米，路口间距最大值200米，步行网络密度16公里/平方公里以上。

②开发程度较高的居住区、商住混合地区。路口间距推荐值100～150米，路口间距最大值250米，步行网络密度14公里/平方公里以上。

③一般居住区。路口间距推荐值120～180米，路口间距最大值300米，步行网络密度12公里/平方公里以上。

5.4.6 建设风貌提升

风貌提升主要包括协调社区建筑色彩，遵从城市基调，环境统一控制。应将老旧小区环境风貌纳入城市风貌统一管控。居住建筑作为城市风貌背景协调区，建筑色彩宜选取浅色系，与城市整体风貌协调，避免色彩、形态的突兀，应与周边环境协调统一。

延安老旧小区建筑色彩设计方面应根据延安地域特色及建设情况，以浅灰黄系列建筑立面为基调色系。材质方面，装饰材料宜重不宜轻，宜朴实不宜豪华，可用简单的建筑涂料作为外墙装饰。装饰方面，提倡简练又富于巧妙变化的细部装饰，运用当地建筑语汇和符号来丰富立面。

5.5 延安城镇老旧小区改造技术导则研究

5.5.1 相关导则案例解读借鉴

（1）《广州市老旧小区微改造设计导则》（2018年）

该导则侧重规划引领，连片改造。其使用对象较广，包括居民、街道及主管部门、专业设计人员等。它的作用有三个方面：第一在于宣传参考，第二在于为小区改造提供设计条件，第三为针对小区提出设计指引。在价值导向方面，广州市提出从环境整治转变为增进公共利益和人民福祉，实现民生先导的城市更新。广州市提出微改造的三大目标，即民生、特色、实用。该导则从三个层面指导具体工作：第一，从宏观层面，即城市层面，梳理相关规划要求，为老旧小区改造提出设计条件；第二，从片区层面为老旧小区连片改造提出前期策划指引，将老旧小区分为三类，即街巷型、单位大院型、商品房小区型；第三，即从小区层面

提出要素设计导则，分为基础项、提升项和特色项，要素设计导则共涉及9类，
共60个要素，其内容都是指引性质的要求，没有强制性要求。

（2）《宜昌市城区老旧小区改造技术导则》（2019年）

该导则侧重技术要求，主要为基础设施改造技术要求，改造内容分为基础类
项目和提升类项目。基础类项目技术要求包括供水设施、排水设施、供电设施、
供气设施、通行设施、停车设施、消防设施、安防设施、公共环境、服务设施、
建筑修缮；提升类项目技术要求包括建筑提升、绿化美化、功能用房、智慧社
区。该导则内容相对简练，侧重于保底线。

（3）《杭州市老旧小区综合改造提升技术导则》（2019年）

该导则侧重综合改造和服务提升，并且强制性内容和建议性内容相结合，分
为必须完成内容和可选择完成内容两部分。该导则提出城市特色风貌塑造、历史
文化保护工作相关要求，建议因地制宜融入开放社区、未来社区、海绵城市、绿
色节能、信息化、智能化等理念，相对综合。

（4）世界银行《更新城市用地：借助民间力量的指导手册》（2016年）

该手册侧重于全过程指导，将城市更新分为"调查、规划、融资、实施"四
个阶段（表5-1）。

《更新城市用地：借助民间力量的指导手册》全过程指导阶段表　　　　表5-1

阶段	主题	内容
1. 调查阶段	微观层面	目标愿景、地形、经济增长动力、现状地图、市场分析、现状调查；发展障碍、潜在的项目成本和资金来源、社交地图和社区发展动力、社会经济因素
	宏观层面	经济成分、经济数据、社会经济和人口数据、物质空间分析、资产/网络/社会媒体地图、基础设施、发展动态；住房、财政分析、政治分析、市场评估和私营机构、历史文化、实践案例、政府机构
2. 规划阶段	规划体系和工具	规划框架（规划大纲、规划计划、规划法规）、总体规划（可行性研究、战略框架、城市空间）；开发设计
	规划实施计划	设置规划场景；制定实施过程和制度；设置与私营部门合作的计划
3. 融资阶段	政府融资工具	资本投资计划；政府间转移支付
	金融监管工具	公共用地（出售或长期租赁、土地交换、作为实物支付、作为产权资本）私有土地（金融工具：非资本/资本市场；监管工具：政策/财政）
4. 实施阶段	政府部门管理	建立一个强大的愿景；建立民主、透明、开放、公平的过程；设置分配稀缺的资源的优先级；资本利用
	公私关系	公共土地的使用/收益分享/竞争过程/基础设施建设/保障公共利益/过程和结果监管
	分期实施	分阶段实施城市更新项目
	降低风险	风险评估框架

（来源：The World Bank. Regenerating Urban Land: A Practitioner's Guide to Leveraging Private Investment［EB/OL］.
［2021-06-01］. https://openknowledge.worldbank.org/handle/10986/24377.）

延安城镇老旧小区改造技术导则通过对广州、宜昌、杭州、世界银行相关导则的案例分析，集各家之所长，重点突出规划引领、社区连片改造和全过程的指导三个方面。

5.5.2 技术导则定位及框架思路

技术导则针对解决"谁来用、做什么、怎么做、怎么管"的问题（图5-13）来定位。

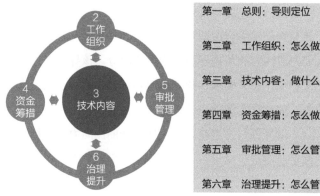

图5-13 导则内容框架示意图

针对"谁来用"这个问题，导则涵盖三类适用情况。第一，适用于延安市范围内，参与老旧小区改造的相关部门、居民、服务企业、机构组织和个人；第二，涉及危房整治、文物或历史建筑改造、历史文化街区、历史文化名镇、历史文化名村、历史风貌区和传统村落的情况，首先要遵循各专项相关法规要求，在此基础上进行老旧小区改造设计；第三，适用于宣传参考（了解改造内容、参考改造成效）、设计条件（成片连片改造指引、分类分区改造指引、城市形态风貌指引）、设计指引（把握改造原则、明确改造内容设计选型参考）。

针对"做什么"这个问题，导则包括8项技术内容，覆盖《延安城镇老旧小区改造工作的实施方案》所涉及的环境整治、民生保障、功能完善、综合提升四个方面改造内容。

针对"怎么做、怎么管"的问题，导则确立了四大机制保障。第一是工作组织机制，落实"政府主导、群众主体"原则，明确权责关系和工作流程；第二是资金筹措机制，建立可持续资金筹措机制，由政府、产权单位、业主、市场多方筹措资金，避免政府大包大揽，鼓励社会参与，坚持"政府补一点、市场筹一点、居民拿一点"的原则；第三是审批管理机制，优化项目手续办理，完善联审联批制度，简化、优化审批手续和流程；第四是长效管理机制，落实"建管并重、长效常治"原则，明确长效治理机制。

5.5.3 总则

导则的总则部分阐述了延安市老旧小区改造的工作目标以及导则应用方法。

延安市老旧小区改造基本原则包括8个方面：政府主导、群众主体、统一规划、片区打造、因地制宜、统筹推进、建管并重、长效常治。目标定位是展现延安"圣地特色、生态宜居、和谐融洽"的幸福社区。在改造的过程中首先需要突出延安特色，保护和利用历史建筑，保护传统民居，延续历史风貌；其次是构建完整社区，补齐公共服务设施，构建15分钟生活圈，打造安全、优美、便利的宜居社区；最后要促进治理提升，健全基层组织，提升基层治理水平，形成共建共治共享的社会治理格局。

5.5.4 工作组织

工作组织以市、县为主导，区、街落实，社区、群众共同缔造，专营部门协同，社会单位参与，形成上下传导、合力推进的工作组织（图5-14）。区、街是落实老旧小区改造的核心部门，也是工程实施落地的基层监管部门，主要由区住建局牵头，区相关职能部门配合，街道及社区具体实施。供水、供电、供气、供暖、通信、有线电视等管线单位在既有条件下协调困难，首先要完善组织保障，健全沟通机制，引导管线单位积极配合老旧小区改造。社会单位参与方面，采用项目收益、政府奖励、减费降税、金融支持、社会荣誉等方式激励社会单位参与。

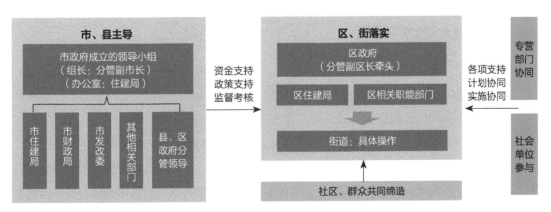

图5-14 工作组织流程图

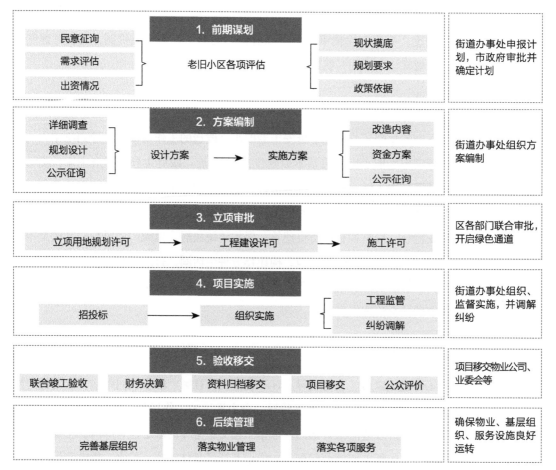

图5-15 工作流程图

工作流程主要包括6个阶段，分别是前期谋划、方案编制、立项审批、项目实施、验收移交、后续管理（图5-15）。

5.5.5 技术内容

导则的技术内容遵循两大原则，分别是"因地制宜，统筹推进"以及"统一规划，片区打造"。在该原则的指引下，技术内容分为两大板块内容，分别是片区指引以及小区指引。

片区指引方面，根据延安市老旧小区的特点，将老旧小区划分为四类型片区，分别是街巷型组合社区、院群型连片社区、大院型综合社区、资源型特色社区。四类片区的空间形态、存在问题不同，其设计指引也各不相同，具体内容如表5-2所示。

片区类型特点分析表　　　　　　　　　　　　　表5-2

片区分类	街巷型组合社区	院群型连片社区	大院型综合社区	资源型特色社区
特点	布局零散，穿插城市功能	小集中布局，整体成片	规模较大，功能相对完善	邻近延安特色资源，穿插公共服务职能
主要问题	空间紧张，设施匮乏；环境嘈杂，缺乏缓冲；规模较小，管理困难	院墙隔断，交通不畅；空间紧张，设施匮乏；环境杂乱	停车困难；公共空间活力不足；公共服务设施不完善	交通相互干扰；空间紧张，设施匮乏；环境品质低
设计要点	城市共享：疏通道路，更好地联系城市设施；挖潜城市与小区内部的潜力空间，补齐设施，共享设施	社区共享：合并小区，理顺交通，提升公共空间；挖潜存量空间，植入设施	小区共享：重点提升自身设施，形成综合社区	特色共享：以城市旅游服务设施反哺居住区设施，错峰共享停车，共享优质开放空间，共享特色历史文化资源等
改造难度情况	改造难度大	改造难度适中	改造难度较小	改造难度较小

在小区指引方面，一共涉及八个要素，分别是建筑本体、市政设施、道路停车、室外环境、服务设施、特色风貌、存量资源利用以及城市功能连接（表5-3）。

老旧小区改造指引的八个要素　　　　　　　　　表5-3

内容分类	改造项目	基本类（必改）	完善类（可改）	提升类（可改）
基本内容	1. 建筑本体	建筑管线、楼道照明、防雷设施、屋面防水	对讲系统、建筑节能、建筑立面、建筑门窗、公共空间、电梯加装	—
	2. 市政设施	市政管网、市政照明、消防设施、化粪池	三线整治、智慧安防	
	3. 道路停车	道路改造、无障碍设施	标识系统、停车场设施	
	4. 室外环境	拆除违建、围墙清理维修、环卫设施、基础绿化	公共空间	
	5. 服务设施	物业管理、邮递快件、健身设施	—	医疗、文娱、养老、托幼、便民
特色内容	6. 特色风貌	历史风貌保护、居住建筑风貌控制	公共空间环境风貌、服务设施特色风貌	
	7. 存量资源利用	—	存量建筑利用、存量空间利用	
	8. 城市功能连接	—	交通连接、公共空间连接	公共服务设施连接

5.5.6　资金筹措

资金筹措遵循"政府补一点、市场筹一点、居民拿一点"的原则，鼓励多渠道筹集资金（表5-4）。建议基本类改造由政府、管线单位出资，完善类改造由居民出资、政府奖补的方式筹资，提升类改造鼓励市场出资。也可以按照具体使用权属关系，户内、表内的改造由居民出资，表外、楼道、小区内的改造由政府、市场共同出资。

政府投入方面，对急需更新改造对象的关键节点进行补助，要主次分明，避免大包大揽。要统筹各类涉及老旧小区改造的专项资金，如电力、电信、文化、体育、养老等。统筹涉及住宅小区的各类资金，用于城镇老旧小区改造，提高资金使用效率。

市场筹措方面，对具备市场化运作条件的老旧小区改造，采取小区业主利益捆绑开发、商业捆绑开发、设备代建收费等激励方式，引导有实力的企业参与投资改造。

城镇老旧小区改造实施项目收益分类表 表5-4

分类	内容	收益
基本类	供水、供电、供气、供暖、光纤	租赁费用、暖气费、入网费等
	电梯	广告收入、电梯建设运营收入
	立面整治	广告收入、太阳能发电收入
提升类	物业	物业费收入
	停车设施	停车费收入、停车位销售收入、充电桩收入
完善类	养老机构、托幼机构、便民设施等	经营收入、出租收入

居民自筹方面，按照"谁受益谁出资"原则，积极推动居民出资参与改造。可通过直接出资、使用（补建、续筹）住宅专项维修资金、让渡小区公共收益等方式落实小区居民出资责任。此外，支持小区居民提取住房公积金，用于加装电梯等自住住宅改造，并且鼓励居民通过个人捐资捐物、投工投劳等方式支持改造。

5.5.7 行政审批

行政审批方面，需要结合工程建设项目审批制度改革，精简城镇老旧小区改造工程审批事项和环节，构建快速审批流程，完善线上、线下一体化审批管理体系。

建议采取"清单制+告知承诺制"的实施措施，根据改造项目的特点和风险等级，建立并公布不同类型建设工程的审批事项清单。改造方案通过城镇老旧小区改造专门工作机制联合审查认可的，由相关部门直接办理立项用地规划手续。不涉及土地权属变化的项目，无需再办理用地手续。工程建设阶段和施工阶段合并，简化相关审批手续。低风险项目可不进行施工图审查，鼓励相关各方进行一次性联合验收。

可参考宜昌市试行"清单制"方式，老旧小区改造、房屋立面出新、屋顶改造、加装电梯等工程，可不办理施工许可，同时加强事中、事后监管。《宜昌市老旧小区改造项目审批流程（征求意见稿）》中，对于纳入城镇老旧小区改造对象，且不涉及新增用地和新增限额以上建筑工程的老旧小区改造项目，免予办理项目建议书、选址意见书、建设用地预审意见书、建设工程规划许可、施工许可等；同时，简化项目立项，明确投资规模500万元以下项目，直接编制设计方案；投资规模在500万元以上、3000万元以下的项目，直接编制初步设计方案；对于投资规模3000万元以上项目，编制项目可行性研究报告和初步设计；项目完工后，进行联合验收。超出上述范围的老旧小区改造对象，按照联合会商、一表通办要求，实行并联审批。

山东省针对部分老旧小区内部建筑密度大、容积率高、难以满足增设配套服务设施需求的问题，明确对在小区内及周边新建、改扩建社区服务设施的，在不违反国家有关强制性规范、标准的前提下，可适当放宽建筑密度、容积率等技术指标。在广泛征求群众意见的基础上，对新建、改建基础设施和服务设施影响日照间距、占用绿地等公共空间的，因地制宜予以解决。

5.5.8 长效管理

要求结合改造同步建立基层党组织领导，社区居民委员会、业主委员会、物业服务企业等相结合的基层自治组织。

建议组建小区自治组织。街道办事处（乡镇政府）在区主管部门指导下，通过业主（含单位业主）认可的方式组织成立业主大会，组建业主委员会或物业管理委员会等业主自治组织。社区居民委员会协助街道办事处（乡镇政府）联系小区业主，积极组织参与有关事项决定并进行监督。业主委员会等业主自治组织应当积极配合居民委员会依法履行自治管理职责，支持居民委员会开展工作。

建议选定物业管理模式。实施专业化物业管理模式的，可通过招投标或其他业主认可的方式选聘物业服务企业。暂不具备专业化物业管理条件的，可按单位自管等现行管理方式或准物业管理方式进行管理。产权单位应将物业服务用房交由物业管理单位继续使用，不得挪作他用。

建议构建治理机制，包括沟通协商机制、资金管理机制、人员奖惩机制、纠纷调解机制。建立联席会议机制，协商确定改造后小区的管理模式、管理规约及业主议事规则，共同维护改造成果。建立健全城镇老旧小区住宅专项维修资金归集、使用、续筹机制，推动改造后的小区维护更新进入良性轨道。

5.6 延安中心城区城镇老旧小区改造总体规划研究

5.6.1 对接上位规划要求，落实城市目标

延安老旧小区改造涉及的上位规划有《延安市城市总体规划（2015—2030）》和《延安市中心城区"双修"总体规划》，定位突出圣地、生态、幸福、宜居、特色的目标。基于上位要求、延安自身优势、特色以及问题，提出老旧小区改造的总体目标——展现延安"圣地特色、生态宜居、和谐融洽"的幸福社区（表5-5）。"圣地特色"着力突出延安特色，保护和利用历史建筑，保护传统民居，延续历史风貌。"生态宜居"侧重于构建完整社区，补齐公共服务设施，构建15分钟生活圈，打造安全、优美、便利的宜居社区。"和谐融洽"重在促进治理提升，健全基层组织，提升基层治理水平，形成共建共治共享的社会治理格局。

老旧小区改造目标定位专项表　　　　　　　　　　　　　表5-5

规划目标	规划专项	规划要求
生态宜居	功能优化	非历史保护地区、老旧建筑腾挪置换； 服务功能优化升级
	设施增补	完善公共服务设施，增补学校、托幼等设施； 增补口袋公园、街旁绿地等环境设施
	交通梳理	打通断点，慢行完整形成微循环体系； 连接山河景观
圣地特色	风貌提质	塑造特色协调街面景观，优化山水环境； 建筑风貌协调，提升居住环境品质
	历史保护	保护和利用历史建筑； 保护传统民居，延续历史风貌
和谐融洽	城市治理	构建基层治理体系，提升治理能力

5.6.2 单元划分与分类指引

将延安老旧小区划分为不同改造单元，单元边界的划分主要参考以下三个方面：第一，以社区边界为界，局部微调；第二，规模上以5～15分钟生活圈半径为一个单元；第三，参照老旧小区类型分布情况划定单元。按照以上规则，延安中心城区老旧小区改造单元共计44个，其中宝塔山街道10个，桥沟街道11个，凤

图5-16 社区单元类型划分图

凰山街道6个，南市街道17个（图5-16）。

5.6.3 典型单元（四类）指引思路探索

通过片区指引的方式将延安老旧小区片区归纳为四类（图5-17）。第一类为街巷型组合社区，小区之间有一些距离，相互之间夹杂城市空间，如七里铺社区，改造策略是部分合并小区，处理其与城市的关系，利用城市设施提升品质。第二类为院群型连片社区，多个小区组成连片大社区，如东风社区，改造策略是合并小区，内部资源共享。第三类为大院型综合社区，小区自身规模较大，改造重点在于提升设施品质，形成综合社区，如新洲花园片区。第四类为资源型特色社区，如王家坪社区，小区与历史文化资源点毗邻，可以利用城市

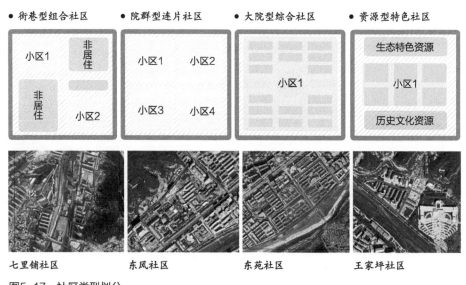

图5-17　社区类型划分

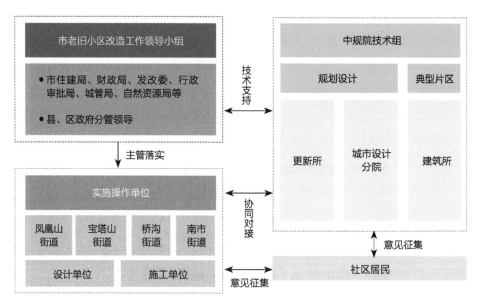

图5-18　对接机制关系图

旅游服务设施反哺居住区设施，错峰共享停车、共享优质开放空间、共享特色
历史文化资源等。

5.6.4　对接项目操作实施

中规院技术组作为项目各方的沟通者、支持者，紧密对接延安市老旧小区

建筑立面改造　　　　　　　拆除围墙、室外环境　新增门房
　　　　　　　　　　　　　改善

拆除防盗网　　　拆除围墙　　　　　　　　室外环境改善

图5-19　延安老旧小区实施改造现场

改造工作领导小组、实施操作单位以及社区居民，跟进老旧小区改造施工过程
（图5-18）。先期开展的改造以保基本为主，主要针对拆除围墙合并管理、建筑
立面改造、室外环境改善方面开展了对接项目的操作实施工作（图5-19）。

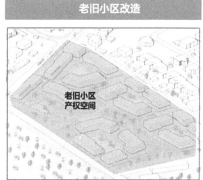

图5-20　老旧小区改造是"城市双修"的升级版

以延安市北关街片区改造为例，先期已经开展建筑改造，如外墙保温，屋面防水，楼梯间内墙、外窗、电气更新。未来建议在市政设施、室外环境、服务设施等方面再进行完善，争取盘活存量空间，引入社会资本（图5-20）。

5.7 小结：从"双修"到"双改"的延安实践

"双修"是指延安早些年已经开展的"城市双修"工作，"双改"是指老旧小区改造和物业管理改革。延安市将老旧小区改造、物业管理改革工作相结合，统筹、融合到"城市双修"工作之中，将老旧小区改造作为"城市双修"工作的延续和升级版。

延安市老旧小区改造延续了"城市双修"工作的理念和方法，以建设干净整洁、安全有序、充满活力的现代城市为目标，治理"脏、乱、差"，更新"老、破、旧"为举措，补充配套基础设施、公共服务设施、停车设施、绿化美化、安防技防设施、信息化便民设施等，并且将老旧小区改造列为"城市双修"九大工程之一。

同时，延安老旧小区改造可称为"城市双修"工作的升级版（图5-20）。"城市双修"关注的是城市公共空间，着重解决城市"点"和"线"上的问题，如植入或改造公园、公共设施，改造街道空间、河道空间等。而老旧小区改造关注的是居民的产权空间，直面民生痛点，着重解决城市在"面"和"块"上的问题。如改造一整个小区，或者多个小区连片改造，相对于"城市双修"更加复杂和困难，因其面对复杂的产权主体，后期维护困难。因此，延安市创造性地提出在"双修"的基础上，实施"双改"，使得老旧小区改造不只是一项工程，而更关注其可持续性，让老旧小区改造与物业管理改革互融互促。

第 6 章

我国城镇老旧小区
改造试点实践机制
探索

为贯彻落实党中央、国务院有关决策部署，自2019年10月起，住建部会同国家发展改革委、财政部、人民银行、银保监会等部门制定深化改革方案，组织山东、浙江两省和上海、青岛、宁波、合肥、福州、长沙、苏州、宜昌8个城市开展深化试点工作，结合当前城镇老旧小区改造工作中各地反映的问题难点、瓶颈堵点等有针对性地开展实践，重点探索统筹协调、项目生成、改造资金政府与居民合理共担、社会力量以市场化方式参与、金融机构以可持续方式支持、动员群众共建、项目推进、存量资源整合利用、小区长效管理9个方面的体制机制。进而通过这些长效的机制建设，支持和保障城镇老旧小区工作持续高效的推进。

承担试点任务的两省八市围绕试点任务，总结过去经验并进一步大胆探索，已初步形成一批具有可复制、可推广价值的机制经验，这些工作经验对于各地全流程、全方位深入推进城镇老旧小区改造工作具有良好的参考借鉴意义。

6.1 工作组织：统筹协调机制

城镇老旧小区改造往往情况复杂、涉及面广，工作顺利、高效推进对于条块统筹协调具有较高的要求。在统筹协调的工作组织方面，要重点注意在以下四个方面建立好组织机制。

6.1.1 建立健全政府统筹、条块协作工作机制

建立领导小组等城镇老旧小区改造工作机制，由政府主要负责同志任组长。如浙江省成立由政府各有关部门组成的城镇老旧小区领导小组，由省政府分管负责同志任组长。试点的8个城市均成立了城镇老旧小区改造工作领导小组，由市长任组长（宜昌市由市委书记任第一组长），成员包括有关部门、区县主要负责同志。青岛、宁波、长沙、福州、苏州、宜昌6个城市的领导小组成员单位还包括组织部、宣传部、政法委等党委组成部门，以及电力、通信等专营单位和金融机构分支机构。

6.1.2 科学划分有关部门单位职责

科学划分市、区、街道及有关部门单位的职责，明确责任清单，实现职责明确、分级负责、协同联动。各地要结合本地工作组织，对市、区、街道及有关部

门职责进行科学划分，通过召开专题会议、定期通报、督导约谈、奖优罚劣等方式，加强激励约束，确保改造工作顺利推进。如青岛、宁波、苏州三市将改造的任务完成、工作推进、资金筹措、共同缔造、长效管理等方面情况作为考核内容，对区县及各部门进行目标责任考核，市级财政对考核排名靠前的区县（市）给予资金奖励。合肥市建立工作通报制度，以工作进度、融资速度、推进力度等为重点，每月通报试点工作进展和改造情况。

专栏6-1 宁波市对城镇老旧小区改造工作进行考核评分

宁波市出台《关于宁波市城镇老旧小区改造项目实施竞争性管理的指导意见》，从目标任务、工作推进、绩效评价等多个方面对老旧小区改造项目进行考核评分，以推进城镇老旧小区改造工作。

宁波市中心城区老旧住宅小区整治改造工作领导小组办公室文件

甬住整办〔2019〕41号

关于印发《关于宁波市城镇老旧小区改造项目实施竞争性管理的指导意见》的通知

中心城区老旧住宅小区整治办，各区县（市）住建局、各功能园区建设局，各有关单位：

为顺利推进我市城镇老旧小区改造工作，市老旧住宅小区整治改造工作领导小组办公室印发了《关于宁波市城镇老旧小区改造项目实施竞争性管理的指导意见》，请各单位按照文件要求执行。

宁波市出台文件明确老旧小区改造考核评价标准

附件

宁波市城镇老旧小区改造三年（2020-2022）行动目标责任考核内容和评分标准

单位名称： 时间： 年 月 日

考核项目	考核内容	评分要求	基本分值	自评分	考评分
目标任务（60分）	城镇老旧小区改造	各地根据项目实际，科学统筹选择改造内容，主要包括小区道路整治、综合管线整治、环卫设施改造、楼道修缮、空调机位整治、停车位改造、外墙整修等房屋基础本体的改善、公共空间和公共环境改善等，结合上报的目标任务和具体改造内容，全部完成并满分，未完成根据实际完成工作量比例计分。	40		
	雨污分流	根据年初目标实际，全部完成建立整体体系满分，未完成根据实际完成工作量按比例计分。	10		
	电梯加装	根据年初目标实际，全部完成并满分，未完成根据实际完成工作量比例计分，超额完成的，每超过完成一台增加1分。	10		
工作推进（15分）	组织领导	成立领导机构，工作机制健全，职责分工明确。	2		
	政策措施	制定出台改造方案、技术规范或其他政策措施。	3		
	项目实施	项目前期准备充分，改造方案切实可行，项目管理程序规范，工程质量较好。	5		
	资金管理	积极筹措资金，严格落实中央、市级资金补助政策，采用居民（企业）共同缔造方式出资，资金使用规范、公开、公正及金融支持撬动改造。	5		
绩效评价（25分）	档案管理	各类项目及台账资料规范、真实、齐全。	4		
	信息报送	信息报送及时准确，宣传有力。	2		
	共同缔造	居民（企业）共同参与改造工作。	4		
		加强建设引领改造工作。	5		
	长效管理	文明施工，无扰民、扰评现象发生，采用"最多放一次"模式开展改造工作。	5		
		落实管理职责要明确，重要会和物业管理状况明显			

宁波市老旧小区改造考核内容和评分标准

6.1.3 统筹相关部门政策及资源

结合改造完善社区综合服务站、卫生服务站、幼儿园、室外活动场地等设施，打通各部门为民服务的"1公里"。试点省市均按要求梳理了相关部门政策以及项目、资金等资源，已与城镇老旧小区改造项目对接。如宁波、长沙两市制定专门方案，将住建、教育、公安、民政、水利、文化、体育等部门单位牵头负责的雨污分流、海绵城市改造、污水零直排工程、加装电梯、垃圾分类、智慧安防、室外活动场地，以及托幼、文化、健身设施等专项建设项目与城镇老旧小区改造项目统筹，要求规划、审批、设计、施工、交付"五同步"（图6-1）。宜昌等城市还积极协调，争取将可用于社区体育设施配置和养老、托幼设施建设的休彩、福彩等资金用于城镇老旧小区改造。

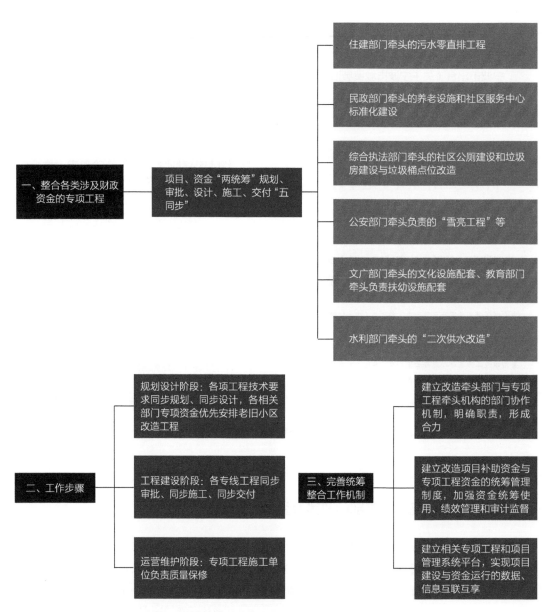

图6-1 宁波市城镇老旧小区改造项目统筹整合各专项工程

6.1.4 建立专营单位协同推进的工作机制

建立协调电力、通信、供水、排水、供气、供热等相关经营单位调整完善各自专项改造规划，协同推进城镇老旧小区改造的机制。试点省、市都积极与供水、供气、供电等专营单位对接，协调专营单位专项规划，与城镇老旧小区改造年度计划衔接。如宁波、苏州两市出台了关于城镇老旧小区管线整治改造工作的指导意见，明确各区、县要建立由城镇老旧小区改造办公室、街道、专营单位组成的管线改造协调机制，共同编制项目设计方案，实施管线改建工程，做好施工衔接，避免各自为政、反复开挖。

专栏6-2　苏州市建立老旧小区管线改造协调机制

苏州市出台了《苏州市城镇老旧小区改造管线改建实施方案》，明确各区、县要建立城镇老旧小区改造办公室、街道、专营单位组成的管线改造协调机制，共同实施管线改建工程，做好施工衔接，避免各自为政、反复开挖。

例如，苏州市要求老旧小区改造方案确定之前要由各县（市）、区老旧小区改造领导小组办公室召集各管线单位及小区改造设计单位进行现场踏勘并召开管线改建协调会议，确定管线改建要求和费用承担原则。

6.2 改造实施：项目生成机制

城镇老旧小区改造作为一项具体的、全流程的项目，改造项目的生成是前期最重要的基础工作。在改造项目的生成机制方面，要注意以下几方面。

6.2.1 做好摸底储备工作

摸清城镇老旧小区的数量、户数、楼栋数和建筑面积基本情况，按照最新的相关文件精神要求，对本地区城镇老旧小区进行重新摸底，并结合调查摸底情况，建立本地城镇老旧小区改造项目储备库。如宁波市按"开工一批、储备一批、谋划一批"的思路，建立了城镇老旧小区改造三年项目储备库（表6-1、表6-2）；苏州、长沙两市还建立改造项目信息管理平台，在全面普查摸底的基础上，初步建立储备项目库和启动项目库，并根据改造项目实际情况，对项目库进行动态调整。

宁波市老旧小区项目申报流程 表6-1

阶段	责任主体	主要内容
第一阶段	县（市）、区分管部门	老旧小区普查，包括民意调查； 建设城镇老旧小区改造综合管理信息系统
第二阶段	县（市）、区分管部门	组织申报； 组织专家打分评估，初选入库名录
第三阶段	市级主管部门	审核确立老旧小区改造储备入库名录
第四阶段	县（市）、区分管部门	2/3民意摸底确认； 1/3社会出资比例确认； 确认启动老旧小区改造名录
第五阶段	县（市）、区分管部门	以一年为周期，动态更新入库名录

宁波市老旧小区项目生成机制评价表 表6-2

序号	一级权重		二级权重		分值
1	小区基本属性	30	周边位置	0.1	0~100
			产权权属	0.3	0~100
			建造年代	0.4	0~100
			小区配套	0.2	0~100
2	资金来源渠道	30	政府出资比重	0.2	0~100
			企业出资比重	0.3	0~100
			居民出资比重	0.3	0~100
			金融机构出资	0.2	0~100
3	居民改造意愿	30	居民改造意愿比例90%以上	0.4	0~100
			居民改造意愿比例70%以上	0.3	0~100
			居民改造意愿比例50%及以下	0.2	0~100
			愿意开展"一块"来改造	0.1	0~100
4	其他加分因素	10	存量房产	0.4	0~100
			存量土地	0.3	0~100
			党员比例	0.3	0~100

注：1. 采取百分制，对入选小区进行多因子评估打分，按小区分值排序确定实施先后次序；
  2. 每个权重因子按照好、中、差三个等级打分，其中好（80~100），中（60~80），差（60以下）；
  3. 周边位置主要考虑区域位置处于老城区还是新城区，周边有无相关可供开发利用的存量资源；产权权属主要考虑土地获取方式和房屋产权清晰与否；建造年代按照实际建造年代区分，年代越早分值越高；小区配套按照现有设施完善程度予以分类梳理，反向打分；政府出资比重、企业出资比重、居民出资比重以及金融机构出资按照有无此类别以及实际出资比重，按照好、中、差打分；居民改造意愿比例按照居民意愿的实际数值填写；存量房产、存量土地按照实际情况，用好、中、差三个等级打分，党员因子按照党员占小区人数比例实际数值填写。

6.2.2 明确改造对象范围

确定城镇老旧小区改造对象范围，试点省、市均明确，重点改造2000年前、配套设施和公共服务设施欠账较多的房改房等非商品房小区。同时结合地方实际情况和群众意愿，宁波、长沙两市将2000年以后建成、问题比较突出、群众改造意愿强烈的小区列入改造范围。合肥市允许将2000年以后建成的拆迁安置小区纳入改造范围。浙江省为推进"美丽城镇"建设，将范围扩大到建制镇。

6.2.3 编制改造规划和年度计划

编制城镇老旧小区改造规划和年度改造计划，区分轻重缓急，尊重群众意愿，切实评估、论证财政承受能力，有序组织实施。试点省、市按照"既尽力而为，又量力而行"的原则，确定近期和中期改造任务。浙江省组织各市、县根据当地财政承受能力编制三年改造计划。上海市结合"十四五"规划编制，研究2021～2025年城镇老旧小区改造任务。

6.2.4 建立激励先进机制

建立激励先进机制，同等条件下，优先对居民改造意愿强、参与积极性高的小区实施改造。如苏州市构建"居民申请、社区推荐、街道核准、县（市）区确定"的项目生成机制，综合小区老旧程度、配套设施建设情况、专家打分排序、居民意愿、出资比例等因素，确定年度计划。宜昌市按年度改造任务的120%编制项目清单，由社区入户调查，将居民出资意愿强、积极缴纳物业费、配合拆除违建的小区优先纳入计划。

6.3 群众参与：共同缔造机制

城镇老旧小区改造是关系到广大群众切身利益的民心工程，群众的广泛参与和大力支持对于顺利推进老旧小区改造特别重要。建立健全动员群众共建机制主要涉及以下几方面。

6.3.1 深入开展"共同缔造"活动

运用美好环境与幸福生活共同缔造的理念和方法，把推进城镇老旧小区改造与加强基层党组织建设、社区治理体系建设有机结合，充分发挥基层党组织统领全局、协调各方的作用，推动构建"纵向到底、横向到边、协商共治"的社区治理体系。试点省、市制定了美好环境与幸福生活共同缔造活动实施方案，遴选了51个共同缔造试点社区。如宁波、合肥、苏州、宜昌四市在小区成立基层党组织以及业主委员会等居民自治组织，吸纳在职党员、离退休党员加入小区党组织，鼓励党员业主通过法定程序入选业委会。宜昌市城区老旧小区更实现了党组织、业主委员会全覆盖（图6-2）。

合肥市蜀山区三里庵街道推举"红色楼长"，筹备业主委员会

宜昌市黄龙小区党支部积极组织居民参与小区改造

图6-2 合肥、宜昌等地基层党支部组织居民参与老旧小区改造

6.3.2　搭建沟通议事平台

利用"互联网+共建共治"等线上、线下手段，开展小区党组织引领的多种形式基层协商。改造前问需于民，改造中问计于民，改造后问效于民，实现决策共谋、发展共建、建设共管、效果共评、成果共享。试点省、市均在城镇老旧小区改造中搭建沟通议事平台（图6-3）。如宁波、长沙、东营三市开发网络沟通议事平台及业主投票决策信息系统，实现多项公共事项在线表决，包括成立业主委员会、确认改造方案、使用住宅专项维修资金、调查业主满意度、选聘解聘物业服务企业等。

专栏6-3　山东省东营市推动"互联网+共建共治"

山东省东营市东营区搭建了智慧物业管理平台。该系统能够提前审核、录入业主信息，实现线上分类实名制投票，使成立业主委员会、确定老旧小区改造方案、选解聘物业服务企业、动用住宅专项维修资金、业主满意度调查等不同类别的小区公共事务实现居民在线表决。投票过程公正透明，投票效率大幅提高，投票资料建立电子档案，避免了挨家挨户填表的传统方式存在的耗时长、组织难、成本高、效果差以及伪造、冒充业主签名等问题。

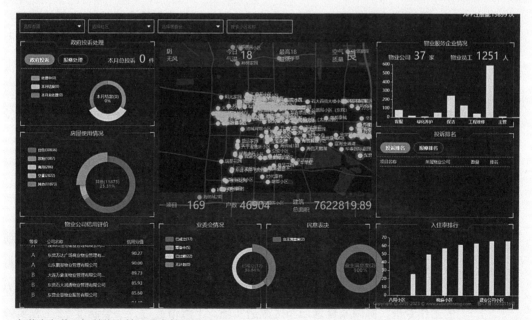

东营市东营区智慧物业管理平台管理界面

宜昌市红光小区改造动员大会

宜昌市黄龙小区群众参与方案表决

宜昌市红光小区改造
方案意见征求会

宜昌市入户征求居民意见

合肥市对小区改造效果提出反馈意见

图6-3　宜昌、合肥等地居民多种形式积极参与老旧小区改造

6.3.3　推动专业力量进社区

　　积极推动设计师、工程师进社区，辅导居民有效参与改造，实现共建、共享。试点省、市都积极推动设计师、工程师进社区，全程提供驻场服务，发挥专业人员业务专长和桥梁纽带作用，辅导居民有效参与改造。如浙江省引导省建筑科学设计研究院、建筑设计院分别成立老旧小区改造中心、城市更新发展中心，邀请设计院及专业院校专家参加，对改造项目跟踪指导；宁波、宜昌两市组建设计师、工程师等志愿者队伍，提供志愿服务，倾听、收集居民意见，辅导居民参与项目改造方案的制定、工程监督等，受到基层热烈欢迎。

6.3.4　充分发挥社会监督作用

　　充分发挥社会监督作用，畅通投诉举报渠道，组织做好工程验收移交。如浙江、上海、宁波、福州四地畅通投诉举报渠道，动员居民积极参与工程质量监督及竣工验收（图6-4）。浙江金华市成立以办事处、社区干部、居民代表为主力的工作专班，协调监督老旧小区改造实施。上海市通过"三会制度"（工程实施前征询会、工程实施中协调会、工程实施后评议会）、项目信息公开制度、市民监督员制度等，确保工程项目全过程接受居民、社会监督。

工程师、规划师进社区优化改造方案

设计师现场与居民交流　　　　居民参与工程质量监督

图6-4　工程师进社区，居民参与施工质量监督

6.4　改造资金：多元共担机制

要使城镇老旧小区改造工作具有可持续性地推动下去，在一定程度上就需要避免落入政府大包大揽的传统套路。应该遵循市场规律，在政府保障民生基础之上，还需要建立改造资金政府与居民合理共担的机制。

6.4.1　完善资金分摊规则

结合不同改造内容明确出资机制。结合拟改造项目的具体特点和改造内容，合理确定改造资金共担机制，通过居民合理出资、政府给予支持、管线单位和原产权单位积极支持，实现多渠道筹措改造资金。原则上，基础类改造内容，即满足居民安全需要和基本生活需求的改造项目，政府应重点予以支持；完善类改造内容，即满足居民改善型生活需求和生活便利性需要的改造项目，政府适当给予支持；提升类改造内容，即丰富社会服务供给的改造项目，以市场化运作为主，政府重点在资源统筹使用等方面给予政策支持。试点省、市根据本地实际，确定基础类、完善类、提升类改造内容，制定相应的出资机制和支持政策。

如合肥市明确，基础类改造内容主要由政府出资，改造标准为每平方米住宅建筑面积不高于300元；对完善类改造内容，根据权属、功能以及与居民的紧密程度，确定居民出资比例，政府予以适当奖补；提升类改造内容以市场化运作为主，政府给予政策支持。宜昌市从市级层面规定了不同改造类型的改造内容、改造标准及政府财政、居民出资的比例（表6-3）。

宜昌市城区老旧小区改造有关出资规定示例   表6-3

类别	序号	项目	改造内容及标准	项目性质	改造费用分摊规则
小区环境及配套设施	1	供水	对破损、老旧的供水管道及设施进行更新改造；实施二次供水提升改造，确保水压稳定；实行"一户一表"，抄表到户	基础类	计费表前部分的改造费用由管线单位承担，区级财政以奖代补20%，市级财政不予奖补；计费表后部分的改造费用由居民承担。各管线工程施工涉及的路面开挖、恢复工程统一由各区、宜昌高新区组织实施，避免重复施工，建设费用由财政承担
	2	供电	对破损、老旧的供电线缆进行更新改造；对设计供电容量不足的，进行增容改造，确保电压稳定；对供电线缆进行规整，对存在安全隐患的供电设施进行迁改；实行"一户一表"，抄表到户。有条件的，鼓励新增充电桩	基础类	
	3	供气	未通管道燃气的小区建设天然气管道，实现管道燃气入户；对破损、老旧、不符合标准规范的管道设施进行更新改造	基础类	
	4	弱电	对通信、有线电视、治安监控等弱电管线进行规整，原则上采用全共享（强标）方式全部入地（若条件暂不具备可通过桥架方式进行规整，有线电视管线及治安监控按照技术要求独立走线），统一走管，并对原有明线进行拆除，恢复相关部位原貌	基础类	采用桥架方式和采用全共享（强标）方式改造的，进入小区后的共同管道的建设费用、组网费用及公共光交箱至楼道分缆箱之间的户线材料费用，由财政承担，其余部分费用由管线产权单位分摊承担；宜昌广电同步实施管线迁改，区财政以奖代补20%。各管线工程施工涉及的路面开挖、恢复工程统一由各区、宜昌高新区组织实施，避免重复施工

6.4.2 落实居民出资责任规则

建立居民对不同改造内容、按不同比例承担出资责任的规则；探索动员、引导居民按规定出资参与改造的有效工作方法；明确居民出资参与改造可通过直接出资、使用住宅专项维修资金、个人提取公积金、捐资捐物、投工投劳等多方式。试点省、市对照改造内容清单，逐项确定居民承担资金的比例及方式，并动员居民按分摊规则出资（图6-5、图6-6）。

如青岛市明确规定住房公积金可提取用于城镇老旧小区改造项目和既有住宅

图6-5 青岛市允许个人提取公积金用于城镇老旧小区改造

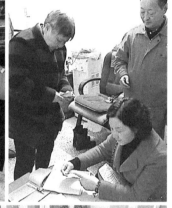

图6-6 宜昌社区居民踊跃出资参与小区改造

加装电梯项目。合肥市明确居民承担水电气等入户改造费用，提升类改造项目每户按10元/平方米出资；允许居民通过使用或补交住宅专项维修资金、提取公积金等方式筹集改造资金。福州、长沙两市明确，居民合理让渡小区内闲置土地、公共用房等共有资源一定年限的使用权，由企业进行运营融资的，可视为居民出资。常熟市甬江西路片区改造项目中，约50%的顶楼居民（151户）出资270万元，选择实施"自选清单"内的屋面翻新改造，并委托片区改造项目施工队伍同步实施，既保证了施工质量，翻新费用也比市场价便宜一半。

6.4.3 政府给予资金补助支持城镇老旧小区改造

一是多渠道安排财政奖补资金。通过财政资金安排、土地出让收入等多渠道安排财政奖补资金。二是实现财政性资金统筹使用。统筹中央补助资金、地方各渠道财政性资金及有关部门各类涉及住宅小区的专项资金，用于城镇老旧小区改造，提高资金使用效率。试点省、市均对城镇老旧小区改造项目安排财政补助资金。

如山东省省级财政补助8亿元，浙江省省级财政补助2亿元，用于全省年度改造项目；苏州市市级财政对试点项目补助1.5亿元，对各县、区另外安排1500万元奖补资金；青岛市财政拿出1.37亿元补助2020年全市改造项目，其中2000万元专门奖励试点项目。

6.4.4 引导管线专营企业出资参与改造

政府通过明确相关设施设备产权关系、给予以奖代补政策等，支持管线单位或国有专营企业对供水、供电、供暖、供气、通信等专业经营设施设备的改造提升。试点省、市通过建立财政奖补机制，协调引导水电气等专营单位积极参与相关设施设备改造，承担社会责任。

如合肥、宜昌两市明确表示公共管网设施改造费用由相关专营单位承担，政府给予适当补助；宁波市要求，相关专营单位与小区居民协商确定专营设施权属后，承担改造出资和后续维护管理责任；青岛市阿里山路小区试点项目，改造供电、供暖设施共投资378万元，其中电力、供暖企业出资127万元，占比33.6%。

6.4.5 探索以政府债券方式融资

一是探索通过调整、优化地方政府一般债券支出结构，调剂部分资金用于城镇老旧小区改造。二是探索通过发行地方政府专项债券筹措改造资金，合理编制预期收益与融资平衡方案，因地制宜拓展偿债资金来源，鼓励国有企业等原产权单位结合"三供一业"改革，捐资、捐物共同参与原职工住宅小区的改造工作。

例如，关于地方政府一般债券，上海、合肥、宜昌三市明确，在已下达无指定用途的一般债券限额内，优化调整支出结构，调剂部分资金用于城镇老旧小区改造，重点支持老旧小区存量大、财政较薄弱的城区。关于地方政府专项债券，两省八市严格按照地方政府专项债券发行要求，结合项目实际挖掘预期收益，测算偿债来源，论证财政承受能力。截至目前，98个试点项目中，有14个项目拟通过发行地方政府专项债券筹集改造资金，还款来源主要为新增商业、养老、助餐、托幼、停车等经营性服务设施所产生的运营收益。

专栏6-4 长沙城镇老旧小区改造试点政府专项债

长沙城镇老旧小区改造试点项目涉及6个试点小区、3551户居民，实施主体为长沙市城市更新投资建设运营有限公司。该项目总投资4.2亿元，其中通过中央及地方财政预算安排、管线单位出资、居民出资等渠道筹集2.2亿元；发行15年期限专项债2亿元，按年利息4%计，到期本息合计3.04亿元。项目收益约5.8亿元，其中：

①新增1.47万平方米商业等服务设施租金4.94亿元；

②对25万平方米住宅及商业设施实施物业管理，收费6741.54万元；

③新增503个停车位收费2180万元。

项目资金筹措表（单位：万元）

项目名称	资金来源			本次申请发行政府专项债券金额	本次申请发行政府专项债券名称	本次申请发行政府专项债券期限
	资本金	计划申请发行政府专项债券金额	其他融资			
长沙市老旧小区改造试点项目	22056.62	20000	0	20000	2020年湖南省老旧小区改造专项债券	15年

项目还本付息情况表（单位：万元）

年度	期初本金月	本期新增本金	本期偿还本金	期末本金余额	当年偿还利息	当年还本付息合计
2020		20000.00		20000.00		0.00
2021	20000.00			20000.00		0.00
2022	20000.00			20000.00	800.00	800.00
2023	20000.00			20000.00	800.00	800.00
2024	20000.00			20000.00	800.00	800.00
2025	20000.00			20000.00	800.00	800.00
2026	20000.00			20000.00	800.00	800.00
2027	20000.00			20000.00	800.00	800.00
2028	20000.00			20000.00	800.00	800.00
2029	20000.00			20000.00	800.00	800.00
2030	20000.00			20000.00	800.00	800.00
2031	20000.00			20000.00	800.00	800.00
2032	20000.00			20000.00	800.00	800.00
2033	20000.00			20000.00	800.00	800.00
2034	20000.00		20000.00	0.00	800.00	20800.00
合计		20000.00	20000.00		10400.00	30400.00

6.5 存量资源：整合利用机制

推动城镇老旧小区改造，不能就小区论小区，特别是很多地方老旧小区还存在过小、过散的特点。这就需要以城市更新的视野，跳出单一小区范围，加强对于老旧小区改造相关的存量资源的挖掘、整合和利用。

6.5.1 加强规划设计引导

合理拓展改造实施单元，推进相邻小区及周边地区联动改造，实现片区服务设施、公共空间共建共享。例如，浙江省、宜昌市等地对小区及周边区域开展片区规划设计，为优化片区配套设施布局、推进配套设施落地提供保障。杭州市拱墅区德胜新村实施老旧小区联动成片改造，逐步健全小区及周边公共服务设施配套，打造片区15分钟生活圈。宜昌市按照"规划引领、专家领衔、部门配合、居民参与"的思路，启动了4个试点项目所在片区的规划方案编制工作（图6-7）。

图6-7　宜昌市城镇老旧小区改造融入片区规划思路

6.5.2　支持存量资源整合利用政策

　　试点省、市积极研究当地城镇老旧小区存量资源的类型、整合利用的模式、实施路径及有关支持政策等（图6-8、图6-9）。特别是对于小区外部存量资源的整合，分为腾笼换凤（现有用房直接改为老旧小区配套）、加快实施（存量资源原本就规划为公共服务设施配套）、优化更新（利用存在资源涉及规划土地调整）三类。这些资源的挖掘利用对于老旧小区改造起到了很好的支撑、完善作用。

　　例如苏州市积极研究存量资源整合利用机制，制定《城镇老旧小区改造存量资源整合利用机制》（初稿），根据老旧小区内部及外部资源情况，分别制定整合利用的实施路径及各类项目具体操作流程。其中，小区内部资源的使用以征得利益相关人和2/3居民同意为前提，明确新增设施为全体业主所有，第三方企业可通过租赁的方式参与后期运营。这样就为小区存量资源的整合利用创造了政策支持条件。

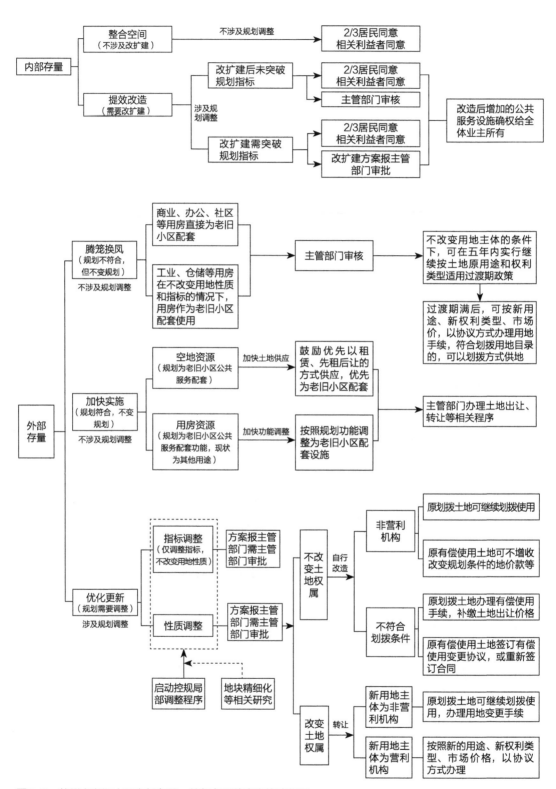

图6-8 苏州市老旧小区内部存量、外部存量整合实施路径图

四川省资阳市拆除老旧小区围墙，　　滁州市远定县荷花巷小区拆除围墙，　　包头市昆都仑区将三个小区之间围墙
打通院落，连片管理　　　　　　　　打通与北城河安置小区的联系　　　　打通，整合成一个社区，统一管理

图6-9　各地推动片区联动改造和管理

6.5.3　统筹存量资源用于完善服务设施

推进既有用地集约混合利用。在征得居民同意的前提下，利用小区及周边空地、荒地、闲置地、待改造用地及绿地等，新建或改扩建停车场（库），加装电梯等各类配套设施、服务设施、活动场所等（图6-10）。对各类公有房屋统筹使用。利用社区综合服务中心、社区居委会办公场所、社区卫生站以及住宅楼底层商业用房等小区公有住房，改造利用小区内的闲置锅炉房、底层杂物房，增设养老、托幼、家政、便利店等服务设施。试点省、市积极探索整合小区及周边社会资源，推进既有用地集约混合利用和各类公有房屋统筹使用，健全小区和社区养老、抚幼、助餐等公共服务设施，引导发展相关社区服务。

如青岛、宁波市就通过改扩建现有房屋，利用小区内闲置土地，建设助餐食堂、老年人照料中心、托幼设施等服务设施。长沙市整合小区中通过拆除违法建设、临时建筑等腾空的土地以及小区周边低效边角土地，用于完善社区公共服务设施。杭州市明确将相关国有存量资源无偿提供给社区，用于完善配套公共服务设施。通过拆除违章建筑、依法恢复房屋使用性质，腾出开敞空间，整合零散用地，增加社区公共活动空间和服务设施。

社区活动室

老年人活动中心

图6-10 可通过资源统筹完善小区公共服务设施

6.6 社会力量：吸引参与机制

城镇老旧小区改造既是民生工程，也是发展工程。城镇老旧小区改造具有巨大的市场潜力，也需要探索社会力量以市场化参与的方式参与到这项重大工作中来。在这方面的机制探索主要有以下几个方面。

6.6.1 积极引入社会力量参与

采取政府采购、新增设施有偿使用、落实资产权益等方式，吸引专业机构、社会资本参与养老、托幼、助餐、家政、保洁、便民市场、便利店、文体等服务设施的改造建设和运营。在改造中，对建设停车库（场）、加装电梯等有现金流的改造项目，鼓励运用市场化方式吸引社会力量参与。试点省、市研究通过政府采购服务、新增设施有偿使用、落实资产权益等方式，吸引社会力量参与服务设施的改造和运营。如苏州市初步制定社会资本参与改造的实施办法，明确企业出资、企业提供服务、企业提供设备三类参与形式，并以项目收益、社会荣誉、政府补贴、税费减免等方式激励社会力量参与。民营企业愿景集团参与了北京市朝阳区劲松小区的改造。济宁市任城区老旧小区改造项目也是依托市场实施主体平台来推进的。

专栏6-5　苏州市引入社会资本参与老旧小区改造项目

苏州市吴江区引入阿里巴巴等社会资本，在邮件驿站、停车管理、物理管理等方面广泛实现公私合作。阿里云菜鸟驿站公司、乐泊停车管理公司、民企永安物业、民企德天地物业以及市政管线公司等通过提供相关服务获取收益，居民个人通过出资享有高品质街区居住环境和便捷的公共服务，包括购买物业服务、购买市政基础服务等。

菜鸟驿站

苏州市吴中区国泰一村老旧小区改造项目引入社会力量，参与笼式足球场、垃圾分类点等的建设运营。

（1）笼式足球场

参与单位：苏州畅踢体育科技有限公司

单位性质：民营企业

小区改造涉及新建笼式足球场约3000平方米，需投入建设资金约120万元，建成后由苏州畅踢体育科技有限公司接手管理，使用管理期暂约定为6年，期满后社区进行外租管理，优先考虑出资单位。使用期间，出资单位通过开设足球培训、组织足球比赛等形式回笼资金，预计年收益20万元。

（2）垃圾分类点

参与单位：苏州祥霞保洁服务有限公司

单位性质：民营企业

小区改造涉及9个垃圾分类点建设，投入需约9万元。目前正在探索由第三方保洁服务公司出资建设，改造后由出资单位通过广告位出租等方式获取收益，使用管理期暂约定为5年，年收益约2万元。

笼式足球场　　　　　　　　　　　　　　　　　　垃圾分类点

专栏6-6　北京市引入社会资本参与老旧小区改造项目

愿景集团参与北京市朝阳区劲松小区一区、二区改造，项目涉及3605户居民，建筑面积20万平方米。项目内容包含基础类的建筑改造和市政设施改造，以及提升类的环境整治和发展社区服务。

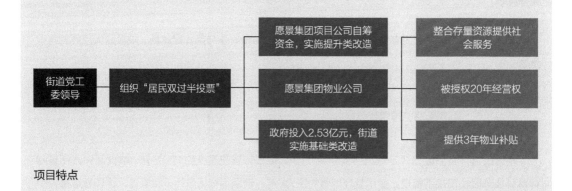

项目特点

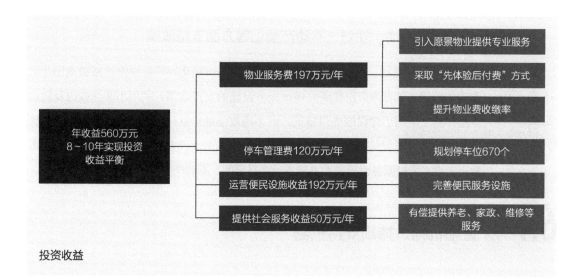

投资收益

专栏6-7 济宁市引入社会资本参与老旧小区改造项目

济宁市任城区老旧小区改造项目涉及14个老旧小区、4719户居民，建筑面积37.5万平方米。实施主体是任兴创展置业有限公司和北京愿景明德管理咨询有限公司，项目内容包括基础类、完善类、提升类改造，每个片区各有侧重。

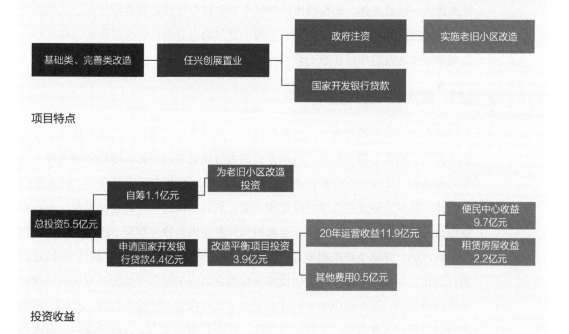

项目特点

投资收益

6.6.2 研究土地、规划、不动产登记等方面支持政策

从土地、规划、不动产登记等方面创新支持市场化、可持续推进城镇老旧小区改造的政策。如苏州市正在研究增设服务设施的支持政策：利用小区红线内及周边零星存量土地用于建设服务设施的，可不增收土地价款；改造利用闲置厂房、社区用房等建设服务设施的，可不增收土地年租金或土地收益差价，土地使用性质也可暂不变更；增设服务设施需要办理不动产登记的，不动产登记机构应积极予以办理。

6.7 金融机构：持续支持机制

城镇老旧小区改造也是一项耗资巨大的工作，在积极吸引各方力量参与的过程中，也需要探索金融机构以可持续方式支持城镇老旧小区改造的机制。

6.7.1 明确项目实施运营主体

积极培育城镇老旧小区改造规模化实施运营主体，为金融机构提供清晰明确的支持对象。试点省、市在工作中选择现有企业或设立新企业，作为城镇老旧小区改造统一运营主体。如长沙市组建城市更新投资建设运营有限公司，以市场化方式参与改造项目的建设和运营；上海、宜昌两市分别将各区房管集团和区城市发展集团作为改造项目实施运营主体。

6.7.2 探索引入金融支持

试点城市在不增加地方政府隐性债务、保持本地区房地产市场平稳健康发展的前提下，探索金融机构以可持续方式加大对城镇老旧小区改造的金融支持。在住建部及相关部委的支持和协调下，试点省、市均积极与政策性银行、商业银行等对接，探索金融支持改造的路径和方案。如宜昌市已与中国建设银行、中国农业银行三峡分行签订战略协议，金融机构开发室内装修分期贷、加装电梯分期贷等金融产品，并给予贷款利率及期限等优惠。苏州市与国家开发银行、中国建设银行合作，对老旧小区改造中增设服务设施并以后续运营收益为还款来源的项目给予信贷支持，并在昆山中华园片区进行了试点探索。宁波、长沙、舟山三市将经营性资产注入改造项目实施运营主体，增强其财务实力，以改造项目经营收益和企业其他资产运营收益偿还贷款。

专栏6-8 苏州与国家开发银行、中国建设银行合作进行金融支持试点探索

苏州市与国家开发银行、中国建设银行合作，对老旧小区改造中增设服务设施并以后续运营收益为还款来源的项目，给予信贷支持。例如在昆山中华园片区试点项目中，融资情况如下。

融资金额：最高为项目总投资的70%，按总投资3.68亿元计算，融资金额约为2.57亿元。

融资期限：7~10年。

融资主体：国资公司或其控股的子公司。

融资用途：中华园小区改造项目建设。

还款来源：包括但不限于小区物业费收入、改扩建停车场出售或出租收入、广告牌收入、财政专项补贴资金、专项地方政府债券融资、国资公司可统筹综合现金流。

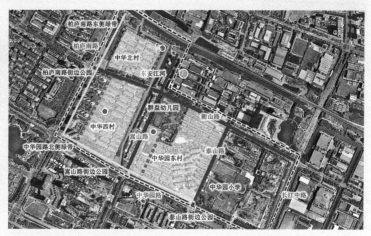

改造实施情况　　　　　　中华园宜居街区创建重点项目分布图

专栏6-9 舟山市城镇老旧小区改造与工商行合作进行试点探索

舟山城镇老旧小区改造项目涉及3个街道、29个小区、1.48万户居民，建筑面积92万平方米。实施主体是定海区住建资产经营有限公司，项目内容包括市政设施改造、建筑物及附属设施维修改造、环境及配套设施改造等。该项目总投资5亿元，其中自筹1.5亿元，向中国工商银行舟山定海区支行申请贷款3.5亿元，定海区住建资产经营有限公司以经营各类房产租金收入作为还款来源。

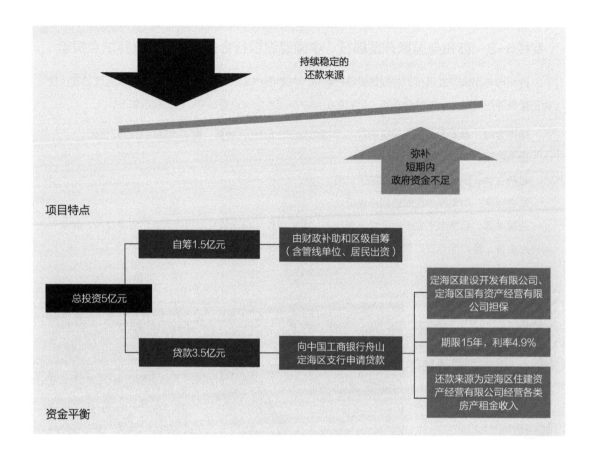

6.8 项目推进：高效审批机制

城镇老旧小区改造作为一项牵涉面广、复杂的工程，在整个行政管理、项目审批环节也需要探索具有适应性的机制和技术规范体系。

6.8.1 明确改造工作流程及项目管理机制

明确城镇老旧小区改造的责任主体和实施主体，制定城镇老旧小区改造工作流程、项目管理机制，明确相应的责任制。试点省、市采取市级筹划指导、区级统筹负责、街道社区具体实施的项目推进机制，制定城镇老旧小区改造工作流程，明确项目管理机制和相应的责任制（图6-11）。例如，宜昌市印发《城区老旧小区改造项目计划编制及组织实施操作指南》，明确群众发动、工程前期、工程施工、工程收尾及竣工验收等各阶段的重点任务及分工。

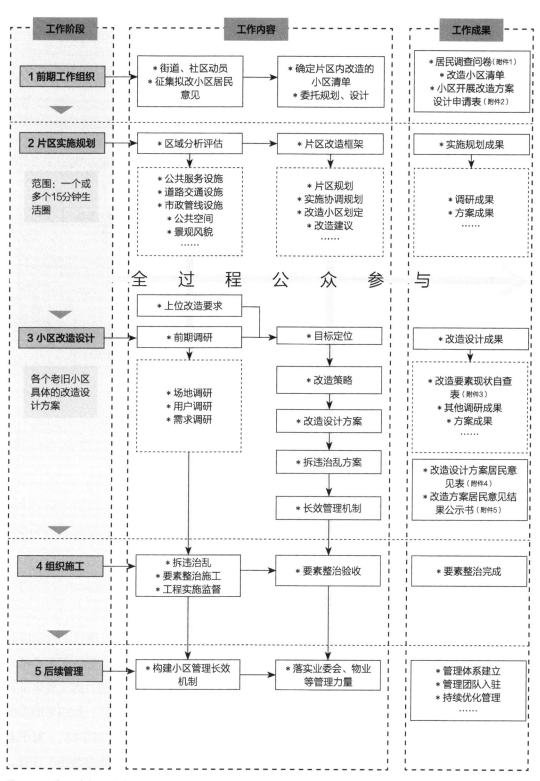

图6-11 浙江省绍兴市老旧小区改造工作机制流程

专栏6-10　威海市老旧小区改造工作机制流程

山东省威海市专门将城镇老旧小区改造项目纳入基本建设程序，依法办理规划、设计、施工、质量监督、工程竣工档案移交等相关手续，并加强施工组织管理。

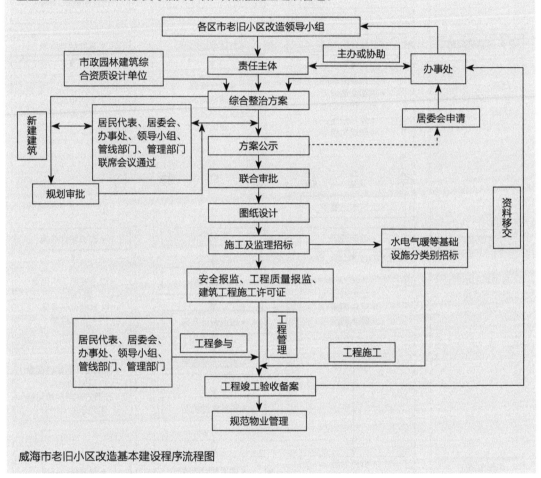

威海市老旧小区改造基本建设程序流程图

6.8.2　建立适应改造工作的项目审批流程

建立适应改造需要的项目审批制度和模式。结合工程建设项目审批制度改革，建立城镇老旧小区改造项目审批绿色通道。采取告知承诺、建立豁免清单、下放审批权限等方式，简化立项、财政评审、招标、消防、人防、施工等审批及竣工验收手续。试点省、市通过下放审批权限、实行"清单制"，加快老旧小区项目审批进度，有效提升审批效率。例如，湖北宜昌市试行"清单制"，对于老旧小区改造、房屋立面出新、屋顶改造、加装电梯等工程，可不办理施工许可，采取"双随机、一公开"的方式，加强事中、事后监管。

专栏6-11　宁波市老旧小区改造项目审批流程

宁波市拟出台《关于进一步简化宁波市城镇老旧小区改造项目审批流程和环节的实施意见》，进一步优化审批流程。压缩改造项目审批事项，保留项目建议书、项目初步设计审批、建筑工程施工许可、建设工程档案验收、竣工验收备案流程，并建立绿色通道，将审批时间由"最多100天"压缩到20个工作日。

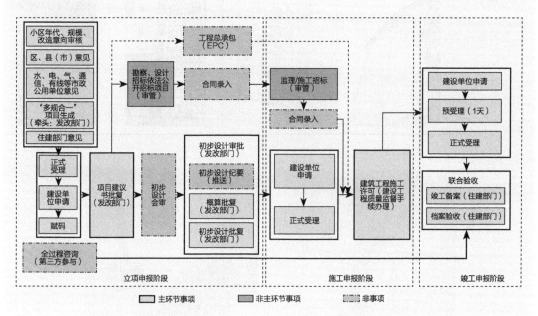

宁波市老旧小区改造项目审批流程

6.8.3　探索具有适应性的技术标准规范体系

健全适应改造需要的标准规范体系。通过综合运用物防、技防、人防等措施满足消防安全需要。通过应用新技术、新产品、新方法，优化完善有关建筑消防标准。在广泛征求群众意见基础上，对新建、改建基础设施和服务设施影响日照间距、占用绿地等公共空间的，因地制宜予以解决。试点省、市根据当地经济、技术条件，研究编制适合本地区老旧小区改造的技术导则。如浙江省、山东省、宁波市三地编制技术导则、验收导则等，对基础类、完善类、提升类工程内容的设计、建设、验收提出了目标和分项要求（表6-4～表6-6、图6-12、图6-13）。合肥市编制老旧小区改造技术导则，涉及基础设施、公共设施、安防、技防、消防、建筑节能、适老化、方案实施和验收8个方面。宜昌市印发技术导则，明确雨污分流、弱电下地、垃圾分类、二次供水、适老化、消防通道等内容的改造标准及要求（表6-7）。

绍兴市老旧小区综合改造提升技术导则外墙面整治措施建议　　表6-4

清理清洗	局部整修	饰面涂刷	整体翻新
针对基础条件较好的建筑，面层基本完好，仅由于时间久远造成的脏乱老化现象，考虑清理清洗墙面	针对整体较好，但是局部有破损的墙体进行局部整修	对基本完好但是墙体表层脱落或者色彩不协调的建筑，进行表面粉刷	墙体基层与面层不牢固，墙体瓷砖整体脱落的建筑需要整体翻新

图6-12　绍兴市老旧小区综合改造提升技术导则楼道墙面地面改造示意图

图6-13　绍兴市老旧小区综合改造提升技术导则人车分流示意图

嘉兴市老旧住宅区改造提升整治导则违章建筑管控　　　　表6-5

要素1：违章建筑		
负面清单	1. 严禁乱搭乱建、违章搭建 	2. 严禁新增违章建筑 
引导要求	达标类	提升类
	1. 住宅区内无违章建筑； 2. 清除违建拆除的建筑垃圾	拆违空间合理利用，释放公共空间

（引导要求 特色类）拆违空间合理利用，打造特色空间

案例参考

1. 依法拆除违章建筑，结合空间拆违补绿，设计特色绿化景观，丰富植物搭配

2. 宜结合绿植设置休憩空间，如结合布置文化小品、健身器材

嘉兴市老旧住宅区改造提升整治导则弱电架空线管控　　　　表6-6

要素3：弱电架空线		
负面清单 1. 严禁空中"蜘蛛网" 	2. 严禁散线杂乱布置 	3. 严禁线路乱拉 

<table>
<tr><th>引导
要求</th><th>达标类</th><th>提升类</th><th>特色类</th></tr>
<tr><td></td><td>1. 线缆整理，无空中乱线；
2. 架空整治，多杆合并</td><td>1. 沿壁走线实现上改下；
2. 入户飞线有效整治</td><td>1. 地埋入地实现上改下；
2. 无入户飞线</td></tr>
</table>

案例参考		
1. 杆路治理：通过新建共杆杆路、多杆合并、杆路扶正等方式，进行并杆、共杆、杆路美化等整治 	3. 室外沿壁走线：线缆利用房屋檐上、檐下、墙壁等修建管道、桥架、支架盘进行走线 	5. 地埋入地：线缆通过管道、管沟、管廊等方式入地 
2. 线缆治理：包括线缆挂牌、去除废线、归并散线、线缆收紧，应尽可能采取美化措施等 	4. 入户线路整治：尽可能减少或缩短入户飞线；拆除现有各种废弃入户废线；去除废线、归并散线、线缆收紧 	6. 入户线路多箱合一：采用多箱合一对原有分线盒进行规整，每个单元楼梯间内上下敷设PVC套管 

专栏6-12 山东省放宽建筑密度、容积率等技术指标要求

针对部分老旧小区内部建筑密度大、容积率高、难以满足增设配套服务设施需求的问题,山东省印发《山东省深入推进城镇老旧小区改造实施方案》,明确对于在小区内及周边新建、改扩建社区服务设施的,在不违反国家有关强制性规范、标准的前提下,可适当放宽建筑密度、容积率等技术指标。

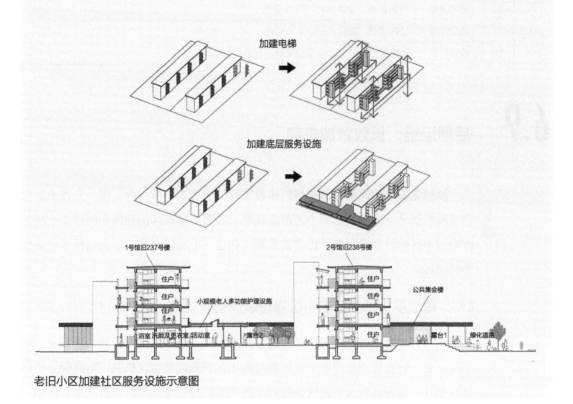

老旧小区加建社区服务设施示意图

湖北省宜昌市老旧小区改造技术导则 表6-7

大类	中类		小类
基础类	1	供水设施	市政供水管线、入户管线与表阀、二次供水设施
	2	排水设施	雨污分流、化粪池、屋面落水
	3	供电设施	供配电设备、电力线路、照明设施、弱电设施
	4	供气设施	燃气引入、燃气管线
	5	通行设施	外部联系通道、内部车行道、步行系统、无障碍及适老设施
	6	停车设施	机动车停车、非机动车停车
	7	消防设施	消防通道、消防设施
	8	安防设施	高清智能视频监控、大门门禁、单元门禁、人脸识别管理、车辆智能管理

续表

大类	中类		小类
基础类	9	公共环境	景观绿化、挡土墙、小区围墙、信息标识
	10	服务设施	环卫设施、文体活动设施、公共晾晒设施
	11	建筑修缮	楼道、外墙面、屋顶
提升类	12	建筑提升	电梯加装、空调机位整治、屋顶整饰、建筑节能改造、建筑排水、白蚁防治
	13	绿化美化	景观家具、立体绿化、海绵设施
	14	功能用房	公共管理、文化活动、老人服务
	15	智慧社区	智慧社区系统、物业管理平台、智慧便民设施

6.9 后期运维：长效管理机制

城镇老旧小区改造并非单纯的建设工程，它更是一项社会工程。完善小区长效管理机制是保障城镇老旧小区改造成果、完善基层社区治理体系的重要一环。改造后小区的后期运营维护也非常重要，在这一方面试点省、市也进行了全方位的机制探索。

6.9.1 建立多主体参与的小区管理联席会议机制

试点省、市在城镇老旧小区改造中同步建立了小区党组织领导，居委会、业主委员会、物业管理公司等多主体参与的小区管理联席会议机制，协商确定小区管理模式、管理规约及居民议事规则，共同维护城镇老旧小区改造成果。例如，宜昌市利用业主大会决议机制，小区党支部组织业主就小区封闭管理方案、物业费及停车费收缴标准等事项进行议事表决，为长效管理提供程序保障（图6-14）。

6.9.2 建立健全老旧小区房屋专项维修资金有关机制

试点省、市结合城镇老旧小区改造，同步建立健全了老旧小区房屋专项维修资金归集、使用、续筹机制，提升小区自我更新能力，促进改造后的小区实现自我管养，小区维护进入良性轨道（图6-15）。如宁波市对仅交纳部分房改房维修资金或未交纳住宅专项维修资金的老旧小区，引导居民按照新建项目住宅专项维修资金的60% ~ 80%进行补交。在鄞州区孔雀小区改造中，90%的小区居民同步补建了住宅专项维修资金账户。长沙市在不损害业主利益的前提下，由城镇老旧

召开物业管理内部会议

居民议事表决

小区老年志愿者义务巡逻

图6-14 宜昌市老旧小区后续管理机制

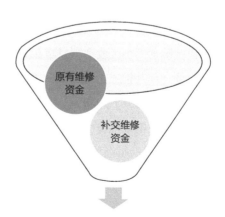

图6-15 居民补建住宅转型维修基金账户

小区改造实施主体归集小区新建或改建的配套设施收益，补充小区住宅专项维修
资金。

6.10 小结：机制探索在路上

　　城镇老旧小区改造工作在新型城镇化发展时期是一项意义重大的工作，但也
是一项综合复杂的工作。全国各地的老旧小区既有量大面广、产权复杂的特点，
又由于处于不同地域、不同发展阶段而情况各异，同时工作推进和实践中也存在
着诸多的困难和瓶颈。要应对这些问题和挑战，将这项工作可持续地推进下去，
在各方面机制上结合地方情况、多元化的探索创新尤为重要。

　　"实践是检验真理的标准"，有益的经验往往都来自于贴近地气的实践。
近年来各地按照党中央、国务院有关决策部署，大力推进城镇老旧小区改造工
作，取得显著成效。在进一步总结、汲取试点城市实践经验的基础上，2020年
7月《国务院办公厅关于全面推进城镇老旧小区改造工作的指导意见》（国办发
〔2020〕23号）印发，在涉及老旧小区改造全流程的明确改造任务、建立健全组
织实施机制、资金合理共担机制、完善配套政策、强化组织保障等方面，也都鼓
励各地因地制宜、因时制宜地开展积极的探索。

　　近来，不仅是试点城市，全国各地都积极贯彻落实国办23号文的文件精神，
围绕城镇老旧小区改造工作统筹协调、改造项目生成、改造资金政府与居民合理
共担、社会力量以市场化方式参与、金融机构以可持续方式支持、动员群众共
建、改造项目推进、存量资源整合利用、小区长效管理等机制方面进行了许多创
新探索，形成了不少具有复制和推广价值的政策机制经验。2020年12月，住建部
总结地方加快城镇老旧小区改造项目审批、存量资源整合利用和改造资金政府与
居民、社会力量合理共担三个方面的探索实践，形成《城镇老旧小区改造可复制
政策机制清单（第一批）》并印发；2021年1月，住建部针对既有住宅加装电梯
的工作，总结地方在前期准备、工程审批、建设安装、运营维护、资金筹集等方
面可复制借鉴的政策机制经验，形成《城镇老旧小区改造可复制政策机制清单
（第二批）》并印发；2021年5月，住建部继续结合试点工作，总结各地在城镇老
旧小区改造中深入开展美好环境与幸福生活共同缔造活动的成效，从动员居民参
与、改造项目生成、金融支持、市场力量参与、存量资源整合利用、落实各方主
体责任、加大政府支持力度等方面总结可复制政策机制，形成《城镇老旧小区改

造可复制政策机制清单（第三批）》并印发；2021年11月住建部聚焦部分地方城镇老旧小区改造计划不科学不合理、统筹协调不够、发动居民共建不到位、施工组织粗放、建立长效管理机制难、多渠道筹措资金难等问题，有针对性地总结各地解决问题的可复制政策机制和典型经验做法，形成《城镇老旧小区改造可复制政策机制清单（第四批）》。

回顾国内外城镇化的进程，只要城市还在继续发展变化，有关城镇老旧小区改造的话题就始终存在；只要这项工作还在推进，相关的政策机制探索就不会终止，还将继续。相信随着城镇老旧小区改造工作在全国范围内的广泛推进和深入实践，还将有更多的结合地方实际、创新性的政策机制经验涌现出来。

第 7 章

总结与展望

7.1 共同缔造：不是"独角戏"，而是"交响曲"

从参与主体来看，老旧小区改造不是政府的"独角戏"，更不是某个部门的"独角戏"，而是多方共同演奏的"交响曲"，这是本轮老旧小区改造和以往老旧小区改造的不同之处。过去许多工作基本是政府自上而下的单方面推动，如暖居工程、雪亮工程、黑臭水体治理等，缺少多部门的统筹协调。而未来的老旧小区改造一定是多方参与的，从资金筹措到组织实施，再到后期运营和管养，都是多方主体参与的。所以，老旧小区改造的核心问题还是在于如何激发多元主体的积极性，如何奏好这个"交响曲"。

社会各界参与老旧小区改造的形式非常多样，居民方可以通过参与决策、参与建设、参与管理和评价等方式参与，社会力量可以带资金、带服务、带技术、带设备参与，等等。要构建良好的多元参与局面，需要三方面努力。一是理念和方法的转型，认识到老旧小区改造是自下而上的工作、多元参与的工作、因地制宜的工作，不能一刀切，不能急，不能下指标。对于规划设计人员来说，在规划方法上不是基于上位定下位，而是基于群众调研定方案，侧重实施。二是提供政策保障，打破社会参与的阻碍，同时激发社会活力。如建立健全金融、投资、财政、税收、用地等政策保障体系，从经济收益、社会影响力、良好的政企关系等方面下手。三是完善参与制度，如利用"互联网+"、党组织建设、基层自治组织建设等途径确保居民的参与。

7.2 治理提升：不是"一招鲜"，而是"组合拳"

本轮老旧小区改造是以前改造工作的"升级版"，它综合而全面、复杂而艰难，涉及众多利益主体，关注与老百姓联系最密切的居住空间，并且涉及很多弱势群体，收益空间小，制度阻碍多。它是个更加综合和系统的工作，需要采用政策"组合拳"，统筹各类资源，包括法律法规、标准规范、行政管理体系、金融、投资、财政、税收等多个领域，是国家治理水平提升和机制创新的一个很好的契机。

如何打好"组合拳"，从工作流程上看，需要九大机制的构建，即系统的制度设计。从前期的工作统筹协调、项目生成、资金筹措，到实施阶段的群众参与、存量资源利用、项目推进，再到后期的长效管理，均需要政策保障和机制构建。此外，对于制度设计者来说，需要从以往的重管理转型为重服务、重激励，鼓励地方探索。

7.3 长远谋划：不是短期工程，而是长期工作

从工作性质来看，老旧小区改造不是短期工程，而是长期工作，它是城市工作的一个切入点，最终目标是实现城市发展转型、整体人居环境的提升，要注重长期长效，持续推进，久久为功。很多城市老旧小区后期运营维护跟不上，无法进入良性的自我更新循环。这是因为很多老旧小区经历了单位管理到物业公司管理的转变，居民不习惯、不愿意或者无力承担物业费用，物业费收缴率较低，导致物业弃管，造成了老旧小区改造成果难以维持。应转变以往的工程思维，老旧小区改造完成并不是工作的结束，还需要管好、运营好，进入良性的自我更新。老旧小区改造工作面临两个转变，即从重建设到重维护、重运营，从土地经济到空间经济，改造完成和验收完成并不是工作的结束，还要回头看运转得如何。国内的维修资金制度是一个良好的尝试，但是仍缺乏制度设计。

7.4 结语

城镇老旧小区改造是城市更新工作的重要组成部分，对满足人民群众美好生活需要、推进城市更新和开发建设方式转型、促进经济高质量发展具有十分重要的意义。自国务院常务会议以及国办23号文件的发布，城镇老旧小区改造进入新的时期，这项工作成为党中央、国务院密切关注的一项国家行动。新时期赋予了城镇老旧小区改造新的要求，要坚持以人为本、因地制宜、居民自愿、共治共管、保护优先。

在国家的号召下，各地全面地展开了城镇老旧小区改造工作，完成改造的老旧小区大部分实现了人居环境改善、设施功能提升、居民房产增值、投资消费拉动、物业管理拓展以及基层治理提升，但是也暴露出改造内容相对基础、资金来源相对单一、制度机制不健全、群众意愿难协调等问题和困难。借鉴国内外相关

先进经验，应构建系统的顶层设计和闭环的运行机制，如从工作组织、项目生成、资金筹措、项目审批、后期维护等各个环节入手，形成社会多元主体参与的良好运行机制，实现城镇老旧小区改造的持续推进，同时实现基层治理能力的提升，形成共建共治共享的社会治理格局。

城镇老旧小区改造是城市更新工作的一个切面，也是城市更新工作的一个试验场，我们在各地的实践中看到诸多城市更新工作的共性问题，同时也探索出诸多经验可供其他类型的城市更新工作参考。希望未来能够从老旧小区改造这个领域出发，去探讨更多、更复杂的城市更新问题。

附录1　住房和城乡建设部办公厅印发城镇老旧小区改造可复制政策机制清单

住房和城乡建设部办公厅关于印发城镇老旧小区改造
可复制政策机制清单（第一批）的通知
（建办城函〔2020〕649号）

各省、自治区住房和城乡建设厅，直辖市住房和城乡建设（管）委，新疆生产建设兵团住房和城乡建设局：

近年来，各地按照党中央、国务院有关决策部署，大力推进城镇老旧小区改造工作，取得显著成效，尤其是《国务院办公厅关于全面推进城镇老旧小区改造工作的指导意见》（国办发〔2020〕23号）印发以来，各地积极贯彻落实文件精神，围绕城镇老旧小区改造工作统筹协调、改造项目生成、改造资金政府与居民合理共担、社会力量以市场化方式参与、金融机构以可持续方式支持、动员群众共建、改造项目推进、存量资源整合利用、小区长效管理等"九个机制"深化探索，形成了一批可复制可推广的政策机制。近期，我部总结地方加快城镇老旧小区改造项目审批、存量资源整合利用和改造资金政府与居民、社会力量合理共担等3个方面的探索实践，形成《城镇老旧小区改造可复制政策机制清单（第一批）》，现印发给你们，请结合实际认真学习借鉴。

住房和城乡建设部办公厅
2020年12月15日

城镇老旧小区改造可复制政策机制清单（第一批）

序号	政策机制	主要举措	具体做法	来源
一	加快改造项目审批	（一）联合审查改造方案	1. 住房和城乡建设部门或者县（市、区）政府确定的牵头部门，组织发展改革、财政、自然资源和规划、人民防空、行政审批服务、城市管理等部门，街道办事处（乡镇政府）、居民委员会、居民代表，以及电力、供水、燃气、通信、广播电视等专业经营单位对改造方案进行联合审查。 2. 对项目可行性、市政设施和建筑效果、消防、建筑节能、日照间距、建筑间距、建筑密度、容积率等技术指标一次性提出审查意见。 3. 审批部门根据审查通过的改造方案和联合审查意见，一次性告知所需办理的审批事项和申请材料，直接办理立项、用地、规划、施工许可等，无需再进行技术审查。 4. 联合审查意见中，还可以明确优化简化审批程序、材料的具体要求，作为改造项目审批及事中事后监管的依据。	山东省 浙江省
		（二）简化立项用地规划许可审批	1. 对纳入年度计划的城镇老旧小区改造项目，可依据联合审查通过的改造方案，将项目建议书、可行性研究报告、初步设计及概算合并进行审批。 2. 不涉及土地权属变化，或不涉及规划条件调整的项目，无需办理用地规划许可。	浙江省 甘肃省
		（三）精简工程建设许可和施工许可	1. 不增加建筑面积（含加装电梯等）、不改变建筑结构的城镇老旧小区改造项目，无需办理建设工程规划许可证。不涉及权属登记、变更，无高空作业、重物吊装、基坑深挖等高风险施工，建筑面积在300平方米以内的新建项目可不办理施工许可证。 2. 涉及新增建设项目、改建和扩建等增加建筑面积、改变建筑功能和结构的项目，合并办理建设工程规划许可和施工许可。 3. 建筑主体和承重结构不发生重大改变的城镇老旧小区改造项目，免予施工图审查，全部施工图上传至施工图联审系统，即可作为办理建筑工程施工许可证所需的施工图纸。 4. 施工许可和工程质量安全监督手续合并办理，不再出具《工程质量监督登记证书》《建筑工程施工安全报监书》。 5. 老旧小区改造项目（含加装电梯等）无需办理环境影响评价手续。	山东省 浙江省 甘肃省 湖南省
		（四）实行联合竣工验收	1. 由城镇老旧小区改造项目实施主体组织参建单位、相关部门、居民代表等开展联合竣工验收。 2. 无需办理建设工程规划许可证的改造项目，无需办理竣工规划核实。 3. 简化竣工验收备案材料，建设单位只需提交竣工验收报告、施工单位签署的工程质量保修书、联合验收意见即可办理竣工验收备案，消防验收备案文件通过信息系统共享。城建档案管理机构可按改造项目实际形成的文件归档。	山东省 浙江省
二	存量资源整合利用	（一）制定支持整合利用政策	1. 整合利用公有住房、社区办公用房、小区综合服务设施、闲置锅炉房、闲置自行车棚等存量房屋资源，用于改建公共服务设施和便民商业服务设施。鼓励机关事业单位、国有企业将老旧小区内或附近的闲置房屋，通过置换、划转、移交使用权等方式交由街道（城关镇）、社区统筹。 2. 整合利用小区内空地、荒地、拆除违法建设腾空土地及小区周边存量土地，用于建设各类配套设施和公共服务设施，增加公共活动空间。结合实际情况，灵活划定用地边界、简化控制性详细规划调整程序，在保障公共利益和安全的前提下，适度放松用地性质、建筑高度和建筑容量等管控，有条件突破日照、间距、退让等技术规范要求，放宽控制指标。城镇老旧小区改造项目中的"边角地""夹心地""插花地"以及非居住低效用地，采用划拨或出让方式取得，改造方案经市政府批准后，依据方案完善相关土地手续：符合划拨条件的，按划拨方式供地；涉及经营性用途的，按协议方式补办出让。对在小区及周边新建、改扩建公共服务和社会服务设施的，在不违反国家有关强制性规范标准的前提下，放宽建筑密度、容积率等技术指标。 3. 对企事业单位闲置低效划拨用地，按程序调增容积率、改变土地用途后建设公共配套设施。对面积小于3亩、无法单体规划、需整合建设片区配套经营性设施的零星地块，可以协议方式出让。 4. 允许将老旧小区存量资产依法授权给项目实施主体开展经营性活动，提供多种多样的社区便民服务，引导扶持项目实施主体发展成为老旧小区运营、管理主体。	辽宁省 福建省 江苏省 南京市 山东省 济宁市

续表

序号	政策机制	主要举措	具体做法	来源
二	存量资源整合利用	（二）加强规划设计引导	1. 对改造区域内空间资源进行统筹规划，按照提升功能、留白增绿原则，优先配建养老和社区活动中心等公共服务设施；对无法独立建设公共服务设施的，可根据实际情况利用疏解整治腾退空间就近建设区域性公共服务中心，辐射周边多个老旧小区。 2. 实施集中连片改造。原则上在单个社区范围内，将地理位置相邻、历史文化底蕴相近、产业发展相关的老旧小区合理划定改造片区单元，科学编制片区修建性详细规划。按照"一区一方案"要求，重点完善"水、电、路、气、网、梯、安、治"等基本功能，量力而行建设"菜、食、住、行、购""教、科、文、卫、体""老、幼、站、厕、园"等公共配套服务设施。对涉及调整控制性详细规划的，按程序审批后纳入规划成果更新。	北京市 湖南省 湘潭市 山东省 济宁市
三	改造资金政府与居民、社会力量合理共担	（一）完善资金分摊规则	1. 小区范围内公共部分的改造费用由政府、管线单位、原产权单位、居民等共同出资；建筑物本体的改造费用以居民出资为主，财政分类以奖代补10%或20%；养老、托育、助餐等社区服务设施改造，鼓励社会资本参与，财政对符合条件的项目按工程建设费用的20%实施以奖代补。 2. 结合改造项目具体特点和内容，合理确定资金分担机制。基础类改造项目，水电气管网改造费用中户表前主管网改造费用及更换或铺设管道费用、弱电管线治理费用由专业经营单位承担，其余内容由政府和居民合理共担。完善类改造项目，属地政府给予适当支持，相关部门配套资金用于相应配套设施建设，无配套资金的可多渠道筹集。提升类改造项目，重点在资源统筹使用等方面给予政策支持。	湖北省 宜昌市 安徽省 合肥市
		（二）落实居民出资责任	1. 对居民直接受益或与居民紧密相关的改造内容，动员居民通过以下几种方式出资：一是业主根据专有部分建筑面积等因素协商，按一定分摊比例共同出资；二是提取个人住房公积金和经相关业主表决同意后申请使用住宅专项维修资金；三是小区共有部位及共有设施设备征收补偿、小区共用土地使用权作资、经营收益等，依法经业主表决同意作为改造资金。 2. 根据改造内容产权和使用功能的专属程度制定居民出资标准，如楼道、外墙、防盗窗等改造内容，鼓励居民合理承担改造费用。小区共有部位及设施补偿赔偿资金、公共收益、捐资捐物等，均可作为居民出资。 3. 居民可提取住房公积金，用于城镇老旧小区改造项目和既有住宅加装电梯项目。一是市政府批复的城镇老旧小区改造项目范围内的房屋所有权人及其配偶，在项目竣工验收后，可提取一次，金额不超过个人实际出资额（扣除政府奖补资金）。二是实施既有住宅加装电梯项目的房屋所有权人及其直系亲属，在项目竣工验收后，可就电梯建设费用（不含电梯运行维护费用）提取1次，金额不超过个人实际出资额（扣除政府奖补资金）。同一加装电梯项目中的其他职工再次提取的，可以不再提供既有住宅加装电梯协议书原件、项目验收报告原件等同一项目中的共性材料。	湖南省 长沙市 浙江省 宁波市 山东省 青岛市
		（三）加大政府支持力度	1. 省级财政安排资金支持城镇老旧小区改造，市、县财政分别安排本级资金。采取投资补助、项目资本金注入、贷款贴息等方式，统筹使用财政资金，发挥引导作用。 2. 通过一般公共预算、政府型资金、政府债券等渠道落实改造资金。地方政府一般债券和专项债券重点向城镇老旧小区改造倾斜。 3. 所有住宅用地、商服用地的土地出让收入，先提取1.5%作为老旧小区改造专项资金，剩余部分再按规定进行分成。提取国有住房出售收入存量资金用于城镇老旧小区改造。 4. 养老、医疗、便民市场等公共服务设施建设专项资金，优先用于城镇老旧小区改造建设。涉及古城等历史文化保护的改造项目，可从专项保护基金中列支。	河北省 山东省 聊城市 内蒙古自治区 浙江省 绍兴市

序号	政策机制	主要举措	具体做法	来源
三	改造资金政府与居民、社会力量合理共担	（四）吸引市场力量参与	1. 推广政府和社会资本合作（PPP）模式，通过特许经营权、合理定价、财政补贴等事先公开的收益约定规则，引导社会资本参与改造。 2. 创新老旧小区及小区外相关区域"4+N"改造方式。一是大片区统筹平衡模式。把一个或多个老旧小区与相邻的旧城区、棚户区、旧厂区、城中村、危旧房改造和既有建筑功能转换等项目统筹搭配，实现自我平衡。二是跨片区组合平衡模式。将拟改造的老旧小区与其不相邻的城市建设或改造项目组合，以项目收益弥补老旧小区改造支出，实现资金平衡。三是小区内自求平衡模式。在有条件的老旧小区内新建、改扩建用于公共服务的经营性设施，以未来产生的收益平衡老旧小区改造支出。四是政府引导的多元化投入改造模式。对于市、县（市、区）有能力保障的老旧小区改造项目，可由政府引导，通过居民出资、政府补助、各类涉及小区资金整合、专营单位和原产权单位出资等渠道，统筹政策资源，筹集改造资金。	四川省 山东省
		（五）推动专业经营单位参与	1. 明确电力、通信、供水、排水、供气等专业经营单位出资责任。对老旧小区改造范围内电力、通讯、有线电视的管沟、站房及箱柜设施，土建部分建设费用由地方财政承担。供水、燃气改造费用，由相关企业承担；通讯、广电网络缆线的迁改、规整费用，相关企业承担65%，地方财政承担35%。供电线路及设备改造，产权归属供电企业的由供电企业承担改造费用；产权归属单位的，由产权单位承担改造费用；产权归属小区居民业主共有的，供电线路、设备及"一户一表"改造费用，政府、供电企业各承担50%。非供电产权的供电线路及设备改造完成后，由供电企业负责日常维护和管理，其中供电企业投资部分纳入供电企业有效资产。 2. 将水、气、强电、弱电等项目统一规划设计、统一公示公告、统一施工作业；建设单位负责开挖、土方回填，各专业经营单位自备改造材料，自行安装铺设。	福建省 江西省 上饶市
		（六）加大金融支持	1. 扶持有条件的国有企业、鼓励引入市场力量作为规模化实施运营主体参与改造，政府注入优质资产，支持探索3种融资模式：一是项目融资模式。主要用于小区自身资源较好，项目自身预期收益可以覆盖投入的老旧小区改造项目。还款来源为项目自身产生的收益。二是政府和社会资本合作（PPP）模式。主要用于项目自身预期收益不能覆盖投入的改造项目。项目自身产生的现金流作为使用者付费，不足部分通过政府付费或可行性缺口补助方式，实现项目现金流整体平衡。三是公司融资模式。主要用于项目自身预期收益不能覆盖投入，但又无法采用PPP的改造项目。还款来源主要为借款人公司自由现金流。 2. 各有关部门在立项、土地、规划、产权手续办理等方面给予支持。 3. 创新金融服务模式，金融机构根据改造项目特点量身制定融资方案，明确可以未来运营收益作为还款来源，优化改造后带动消费领域的金融服务。 4. 组织申报城镇老旧小区改造省级统贷项目，联合金融机构给予开发性金融支持。为省级统贷项目实施主体提供一揽子金融服务，项目贷款在政策允许范围内给予最优贷款利率、最长贷款期限支持。	山东省 青岛市 湖北省
		（七）落实税费减免政策	对旧住宅区整治一律免收城市基础设施配套费等各种行政事业性收费和政府性基金。	四川省

住房和城乡建设部办公厅关于印发
城镇老旧小区改造可复制政策机制清单（第二批）的通知
（建办城函〔2021〕48号）

各省、自治区住房和城乡建设厅，直辖市住房和城乡建设（管）委，新疆生产建设兵团住房和城乡建设局：

引导有条件的既有住宅加装电梯，是城镇老旧小区改造的重要内容，对实施城市更新行动、推进惠民生扩内需具有积极意义。近年来，各地贯彻落实党中央、国务院有关决策部署，主动回应群众期盼，大胆探索、勇于创新，坚持居民主体、社区协商、政府支持、多方参与、保障安全的原则，采取一梯一策、多策并举等措施，推进既有住宅加装电梯工作取得积极成效。

近期，我部从前期准备、工程审批、建设安装、运营维护等方面总结部分地区既有住宅加装电梯可复制的政策机制，形成《城镇老旧小区改造可复制政策机制清单（第二批）》，现印发给你们，请结合实际学习借鉴。

住房和城乡建设部办公厅

2021年1月29日

城镇老旧小区改造可复制政策机制清单（第二批）

序号	工作机制	主要举措	既有住宅加装电梯具体做法	来源
一	前期准备阶段	（一）明确责任主体	1. 既有住宅加装电梯可以住宅小区、楼栋、单元（门）为单位申请。 2. 以单元为单位申请的，本单元内同意加装电梯的相关业主（或公有住房承租人）作为加装电梯的申请人，负责统一意见、编制方案、项目报建、设备采购、工程实施、竣工验收、维护管理等工作。公有或者单位自管的老旧小区住宅由其所有权人或者委托管理人作为申请人。 3. 申请人可以推举业主代表，也可以书面委托加装电梯企业、具有设计施工资质的单位、物业服务人、原建设单位、原产权单位、第三方代建单位、街道办事处（镇人民政府）等单位作为实施主体代理上述工作。 4. 受托人应当与委托人签订委托协议，明确双方权利义务。申请人或受托的单位应当承担相关法律、法规规定的工程项目建设单位所应承担的义务。申请人依法承担项目建设单位的相关责任和义务，受委托的单位负责工程的组织实施、手续办理、履行承诺和建设期间的质量安全管理。 5. 鼓励业主委员会、老旧小区住宅原产权单位、建设单位、物业服务人等积极参与加装电梯的组织、实施工作。	天津市 杭州市 沈阳市 厦门市

序号	工作机制	主要举措	既有住宅加装电梯具体做法	来源
一	前期准备阶段	（二）制定实施方案	1. 既有住宅加装电梯应当按照"一梯一策"的原则，由申请人或实施主体组织编制符合建筑设计、结构安全、人防防护功能安全、消防安全和特种设备等相关规范、标准的既有住宅加装电梯实施方案。 2. 对居民提出加装电梯意愿的小区，有条件的街道办事处（镇人民政府）可以委托建筑设计等专业单位，对小区加装电梯的规划要求、建筑条件、消防安全、小区环境等进行可行性评估，初步明确该小区加装电梯整体设计要求。评估结果应告知申请人，同时告知社区居民委员会，并抄送有关部门和相关配套管线单位。 3. 业主应当就加装电梯的意向和具体方案等问题进行充分协商，妥善处理好相邻关系。需要加装电梯的，申请人应当就加装电梯的意向和具体方案等问题，征求所在楼栋（单元）全体业主意见，由专有部分面积占比三分之二以上的业主且人数占比三分之二以上的业主参与表决，并经参与表决专有部分面积四分之三以上的业主且参与表决人数四分之三以上的业主同意。 4. 加装电梯项目协议书和实施方案，应当在计划加装电梯的单元、楼栋、小区公示栏等显著位置公示。加装电梯项目协议书应当明确项目申请人及实施主体职责、项目建设资金预算及资金分摊方案、电梯运行使用和维护保养方式及资金分摊方案等内容。	天津市上海市石家庄市杭州市青岛市
		（三）引导居民协商	1. 广泛开展美好环境与幸福生活共同缔造活动，建立和完善党建引领基层治理机制，充分发挥社区党组织的领导作用，统筹协调社区居民委员会、业主委员会、产权单位、物业服务人等，共同推进老旧小区既有住宅加装电梯工作，实现决策共谋、发展共建、建设共管、效果共评、成果共享。 2. 街道办事处（镇人民政府）、社区居民委员会搭建沟通议事平台，细化协商议事流程，引导各利益相关方理性表达意见诉求，寻求各方意愿的最大公约数。 3. 区、县（市）人民政府、街道办事处（镇人民政府）加装电梯专门工作机构组织电梯企业、设计单位、设计师、工程师、法律顾问、志愿者等提供"一站式"咨询服务；利用政务信息服务平台，开展项目咨询、调解、受理和预审服务，将服务下沉到基层，让社区工作人员、设计师、工程师、志愿者等与业主前期协商。以政府购买方式，开展社会组织参与老旧小区住宅加装电梯的培育工作。	上海市天津市杭州市北京市广州市大连市
		（四）化解意见分歧	1. 业主对加装电梯有异议，认为因增设电梯侵犯其所有权和相邻权等民事权益而提出补偿要求的，由业主之间协商解决，也可以委托业主委员会、人民调解组织和其他社会组织进行协调。 2. 业主提出增设电梯直接影响通风、采光或者通行的，相关部门可以组织有关方面进行技术鉴定。建筑设计违反通风、采光或者通行的相关技术标准与规范的，应当要求申请人取得受影响业主的书面同意意见或者修改设计方案，申请人已经与相关受影响业主达成协议的除外。建筑设计不违反通风、采光或者通行的相关技术标准与规范的，应当对业主做好解释说明。 3. 相关当事人协商不成的，街道办事处（镇人民政府）或社区居民委员会依照工作职责与程序，通过协调会、听证会等方式积极组织调解，努力促使相关业主在平等协商基础上自愿达成调解协议，出具调解情况说明。对老年人、残疾人居住的老旧小区住宅加装电梯项目，社区居民委员会及街道办事处（镇人民政府）应当加大调解力度，引导当事人自愿达成调解协议，化解纠纷。 4. 业主之间协商或者调解不成的，依法通过民事诉讼途径解决。 5. 由街道办事处（镇人民政府）或社区居民委员会对加装电梯的整个过程进行指导监督。	福州市厦门市广州市杭州市

序号	工作机制	主要举措	既有住宅加装电梯具体做法	来源
二	工程审批阶段	（一）方案联合审查	1. 实施主体应当向所在区、县（市）加装电梯工作牵头部门提出加装电梯申请。加装电梯工作牵头部门制定具体的办理服务指南和材料清单，开通既有住宅加装电梯绿色通道，指定专门受理窗口。 2. 加装电梯工作牵头部门应当组织住房和城乡建设、规划和自然资源、城市管理、市场监管等相关部门对申请人提交的老旧小区住宅加装电梯申请材料进行联合审查，在规定时间内出具联合审查意见。明确同意加装电梯的，由加装电梯工作牵头部门出具同意加装告知书，相关部门一并办理相关手续，并进行事中、事后监管；不同意的说明理由，出具一次性告知书。加装电梯工作牵头部门可以根据加装电梯项目实际，征求建筑设计、结构安全、特种设备等相关专家的意见。其中，符合无需办理建设工程规划许可证情形的，不再办理建设工程规划许可证。符合无需办理建筑工程施工许可证情形的，不再办理建筑工程施工许可证。加装电梯项目不办理建设项目立项核准、建设用地规划许可手续。 3. 加装电梯涉及供水、供电、供气、供热、有线电视、通信等管线移位、改造及其他配套设施项目改造的，相关单位应当开通绿色通道，根据联合审查意见，予以优先办理。相关专业经营单位在实施老旧小区改造、低压电网改造、通信管线迁移、雨污混接改造等项目时,应统筹考虑加装电梯的配套需要。	杭州市 天津市 上海市 石家庄市 北京市 西宁市
		（二）专项设计和审查	1. 实施主体委托具有相应资质的设计单位按照现行电梯标准和安全技术规范要求进行施工图设计。设计单位应当对加装电梯的建筑结构及消防设计安全负责。施工图设计文件需经认定的施工图审查机构审查合格。 2. 住房和城乡建设部门依法办理消防设计审查手续。	天津市 连云港市
		（三）明确支持政策	1. 在满足消防、安全条件前提下，加装电梯不进行建筑间距计算、日照计算、容积率核算。 2. 加装电梯新增建筑面积不计入容积率，不征收增容地价、市政基础设施配套费等其他费用，不再另行测绘，不计入分户面积，不再办理不动产登记。电网企业免收（临时）接电费和居民电力增容费。 3. 由房地产开发企业、物业服务人、电梯生产企业、电梯安装企业及社会组织等单位出资开展加装电梯的，不改变原有土地权属。	天津市 厦门市 南昌市 唐山市
三	建设安装阶段	（一）落实质量安全责任	明确相关部门加强对加装电梯项目实施过程的安全、质量监督，督促参建单位落实建设工程质量终身责任制。	北京市
		（二）联合竣工验收	1. 老旧小区住宅加装电梯项目完工并经特种设备检验机构监督检验合格后，申请人应当组织设计、施工、监理单位和电梯安装单位对加装电梯项目进行竣工验收，邀请属地人防主管部门、街道办事处（镇人民政府）、社区居民委员会参加。竣工验收合格的，方可交付使用。 2. 住房和城乡建设部门依法办理消防验收手续。	杭州市 天津市 石家庄市
		（三）应用新技术	1. 研究应用新材料、新技术、新方法推进加装电梯工作。因地制宜采取加装技术，科学合理运用贴墙式、廊桥式、贯穿式等多种加装电梯样式。 2. 对于不具备加装电梯条件的，可通过在楼道中设置简易折叠方便椅、完善楼梯扶手和无障碍设施、增设楼道代步设备等多种方式解决上下楼问题。	上海市 北京市 西宁市

续表

序号	工作机制	主要举措	既有住宅加装电梯具体做法	来源
四	运营维护阶段	(一)日常维护保养	1. 本单元相关业主为电梯后续管理主体及责任主体，日常对电梯运行进行管理，与依法取得许可的申梯维保单位签订电梯日常维护保养合同，对电梯进行日常维护，保障电梯使用安全。 2. 加装电梯的业主发生变更的，变更后的业主应该按照加装电梯相关书面协议的约定承担原业主的管理责任，变更后的业主与其他加装电梯业主重新约定维护、养护分摊等电梯管理责任的除外。	沈阳市重庆市
		(二)质量保修责任	设计、施工、安装单位应落实质量保修责任。电梯制造企业应加强电梯质量跟踪，落实"厂家终身责任制"。	上海市
		(三)引入保险机制	鼓励加装电梯申请人购买电梯综合服务保险，用于电梯的维护保养、改造修理、检验检测和人身财产损失赔偿等事项，解决后期管养问题。	杭州市株洲市
五	多渠道筹集资金	(一)合理分担建设资金	1. 业主可根据所在楼层、面积等因素分摊加装电梯资金，分摊比例由出资的全体业主协商确定。 2. 出资加装电梯中缴存住房公积金的业主，可提取本人及配偶、本人直系血亲的住房公积金，用于支付加装电梯个人分摊费用。提取额度不超过既有住宅加装电梯费用扣除政府补贴后的个人分摊金额。 3. 按照相关规定申请使用住宅专项维修资金，用于加装电梯。 4. 对老旧小区住宅加装电梯项目可给予适当财政补贴，财政补贴不属于财政投资，不形成政府固定资产。	南京市上海市
		(二)探索创新运营模式	1. 按照"谁投资、谁受益"和"权责一致"的原则，加装电梯的投资方享有加装电梯的相关权益，并承担电梯投入使用后的管理责任。 2. 鼓励老旧小区住宅加装电梯工作探索代建租赁、分期付款、委托运营、共享电梯等市场化运作模式。 3. 支持鼓励拥有建筑技术的企业、新材料制造和电梯设备安装企业参与加装电梯项目，按规定享受相应税费优惠政策。符合条件的企业，在缴纳国家规定的建设领域各类保证金时，可按规定享受减免政策。	北京市杭州市日照市湖南省

住房和城乡建设部办公厅关于印发
城镇老旧小区改造可复制政策机制清单（第三批）的通知
（建办城函〔2021〕203号）

各省、自治区住房和城乡建设厅，直辖市住房和城乡建设（管）委，新疆生产建设兵团住房和城乡建设局：

近期，我部总结各地在城镇老旧小区改造中深入开展美好环境与幸福生活共同缔造活动，动员居民参与、改造项目生成、金融支持、市场力量参与、存量资源整合利用、落实各方主体责任、加大政府支持力度等方面可复制政策机制，形成《城镇老旧小区改造可复制政策机制清单（第三批)》，现印发给你们，请结合实际学习借鉴。

住房和城乡建设部办公厅

2021年5月11日

城镇老旧小区改造可复制政策机制清单（第三批）

序号	政策机制	主要举措	具体做法	来源
一	动员居民参与	（一）加强党建引领	充分发挥基层党组织作用，将党支部建在小区上、党小组建在楼栋上，推进老旧小区党组织建设全覆盖，组织居民党员主动亮身份、领岗位、办实事、树形象，充分发挥居民党员在小区自治管理中的先锋模范作用。建立机关企事业单位及党员干部下沉社区参与治理长效机制，充实社区力量，提高治理能力。街道社区党组织组织驻区单位党组织与小区党组织开展结对子帮建活动，定期召开联席会议，集中会商研究解决困扰小区的"急难盼愁"问题，结对子单位党员根据自身情况，主动认领党员先锋岗，主动为居民开展志愿服务。	安徽省湖北省辽宁省丹东市江苏省苏州市湖北省宜昌市湖南省会同县四川省成都市
		（二）先自治后改造	将城镇老旧小区改造融入社区治理体系建设，将成立业主委员会等作为启动改造的前置条件，构建以基层党组织为核心，以自治为基、法治为本、德治为先的"一核三治、共建共享"基层治理机制，推动社区可持续发展能力和治理现代化水平同步提升。	
		（三）加强基层协商	建立和完善社区居民委员会、业主委员会、产权单位、物业服务企业等共同参与机制，及时协调老旧小区居民在改造前、中、后期的需求，推动改造顺利实施。通过小区居民议事会等方式，实现小区内部充分协商，协调利益诉求。对于同一社区临近老旧小区或纳入统一实施改造的片区、街区，建立"美好环境与幸福生活共同缔造"委员会、社区居民议事会等公众参与议事平台，吸纳居民代表、社区工作者、专家顾问、商户、媒体等多方力量参与，协调各方利益，优化改造方案。	
		（四）推进"互联网+共建共治共享"	结合建设物业管理服务信息化平台，推进建设和使用业主大会电子投票决策支持系统，采用"实名制+人脸识别"技术，保障投票表决的真实性，有效解决老旧小区业主大会"召开难、投票难"问题，提高居民协商议事效率。	

序号	政策机制	主要举措	具体做法	来源
二	改造项目生成	（一）开展调查评估	改造前，市、县制定城镇老旧小区改造评估标准，组织对老旧小区基础设施与公共服务设施的服务能力与服务范围开展摸底调查及评价，及时利用信息化手段为小区建立档案；将发现的不足和短板，作为制定小区改造方案、竞争优选年度计划实施项目的重要参考。	河北省湖北省浙江省杭州市浙江省宁波市浙江省温州市湖南省长沙市
		（二）编制专项规划	以市、县为单位，组织编制城镇老旧小区改造专项规划和分年度计划，明确融资方式、建设模式、建设时序与工作标准等，合理划分改造区域，将片区内有共同改造需求、距离较近的老旧小区归并整合，统一规划设计，打破围墙等空间分割，整合优化配置公共资源，统筹实施改造。专项规划由地方人民政府批准实施。	
		（三）制定小区改造方案	街道、社区指导小区党组织、业主委员会等收集居民改造意愿，提出改造申请，委托相关设计咨询单位根据小区实际情况和改造需求，与小区党组织、业主委员会等按照"一小区一方案"要求，共同商议编制改造方案，明确改造内容、工程设计、工程预算、资金筹集方案与各方义务、长效管理机制等内容。其中，对小区改造调查评估中发现的问题，逐项明确改造内容和措施，做到条目化表达；资金筹集方案需明确有关权属单位出资要求与居民出资比例等。 小区党组织、业主委员会等组织业主对本小区改造方案进行表决，表决结果在小区内醒目地点进行公示。小区内部改造项目启动和方案确定均由法定比例以上业主参与表决，并达到相关法律规定的业主人数同意条件。表决通过后，小区党组织、业主委员会等向街道报送改造方案。街道对辖区内的老旧小区改造方案进行汇总，报属地住房和城乡建设部门。	
		（四）建立改造项目库	按"谋划一批、生成一批、实施一批、储备一批"原则，建立改造项目库。建立省市县联通、信息共享的改造项目信息管理平台，实现改造计划申报、项目进展动态更新，同步录入反映改造效果、形象进度的数据和图片信息。	
		（五）竞争优选年度计划实施项目	区、县住房和城乡建设部门会同相关部门按照竞争比选的原则，建立改造项目评价规则。评价内容包括小区配套基础设施与社区服务设施状况，改造方案的完整性、针对性、可操作性，居民表决、出资等参与改造积极性，完善小区治理结构情况，专项维修资金补交续交情况，与片区有机更新、专项工程协同推进情况等。对入库项目初步实施方案进行量化计分、排序，择优纳入年度实施计划。	
三	金融支持	（一）培育规模化实施运营主体	地方政府及相关部门加强与金融机构交流合作，在不新增地方政府隐性债务的前提下，培育以有实力国企及社会资本参与、市场化运作的规模化实施运营主体，全过程参与城镇老旧小区改造融资、实施和运营管理，打造"城市综合运营商"。政府可通过资产注入、资源整合等方式给予支持。	重庆市吉林省浙江省山东省广东省山东省枣庄市广东省广州市
		（二）编制一体化项目实施方案	市、县住房和城乡建设部门会同发展改革、财政等部门，组织金融机构、项目单位及设计单位编制设计、融资、改造、运营等一体化项目实施方案，重点明确实施主体选择、建设运营模式、项目整合立项、存量土地房屋资源整合利用、规划用途及指标、土地房屋权属性质调整、空置用房运营及收益、新增经营性收入、公共收益让渡等具体事项。	

续表

序号	政策机制	主要举措	具体做法	来源
三	金融支持	（三）探索创新融资模式	1. 项目自平衡模式。主要适用于项目自身预期收益可以覆盖投入的城镇老旧小区改造项目。如单个项目满足现金流要求可单独申报，也可以社区、片区、城区为单位联合申报，通过同步规划、同步立项、同步实施改造，实现项目现金流整体自平衡。 2. PPP模式。主要适用于项目预期收益不能覆盖改造成本的城镇老旧小区改造项目。通过引入社会资本建立PPP运营机制，以有收益改造内容产生的现金流作为使用者付费，以财政资金作为可行性缺口补助，统筹用于无收益改造内容，实现项目现金流整体可平衡。 3. 公司融资模式。主要适用于预期收益不能覆盖投入但又无法采用PPP模式的项目。可通过将区域内的停车位、公房等存量经营性资产以及城镇老旧小区改造后形成的相关资产、特许经营权或未来收益权注入改造项目实施运营主体，增强企业自身"造血"能力，以企业的经营收入平衡改造投入。 4. 垂直行业整体支持模式。以市、县为单位选取城镇老旧小区改造中某一特定行业进行系统整合，如加装电梯、加建停车设施、水电气改造等，统一给予支持。	重庆市 吉林省 浙江省 山东省 广东省 山东省 枣庄市 广东省 广州市
		（四）创新金融产品和服务	鼓励金融机构灵活设计金融产品，为参与改造的企业（电梯企业、施工企业等）流动性资金周转及城镇老旧小区居民参与改造的相关消费（房屋装修、加装电梯等）提供信贷支持，有针对性提供其他特色金融服务（造价咨询、智慧平台建设、支付结算一等）。	
		（五）与金融机构建立协同工作机制	省级住房和城乡建设部门与金融机构联合摸排各地城镇老旧小区改造项目和资金需求，梳理融资项目；定期开展会商，共同推动项目。在城镇老旧小区改造综合管理系统中新增金融支持项目库模块。市、县组织编制可行性研究方案和资金平衡方案，积极与金融机构对接，推动意向项目加快落地。	
四	市场力量参与	（一）多种方式引入社会资本	1. 社会资本可通过提供专业化物业服务方式参与。经业主大会决定或组织业主共同决定，业委会等业主组织通过招标等方式选定物业服务企业，参与城镇老旧小区改造。小区已有物业服务企业的，经业主大会决定或组织业主共同决定，依据居民提升物业服务水平和老旧小区改造的需求，重新与物业服务企业签订物业服务合同。 2. 社会资本可通过"改造+运营+物业"方式参与。在街道指导下，经业主大会决定或组织业主共同决定，可将小区共用部位的广告、停车等公共空间利用经营与物业服务打包，采用招标等方式选定社会资本，社会资本通过投资改造，获得小区公共空间和设施的经营权，提供物业服务和增值服务。 3. 社会资本可通过提供专业服务方式参与。业主组织或实施主体可通过招标或竞争性谈判选择养老、托育、家政、便民等专业服务企业投资改造或经营配套设施。	北京市
		（二）简化审批流程	1. 纳入老旧小区改造计划或完成相应投资决策审批的项目，即可在建设工程承发包招标平台或勘察设计招标平台进行一体化招标。 2. 社会资本经委托或授权取得的设施用房，在办理经营所需证照时，持老旧小区改造联席会议认定意见即可办理工商等相关证照，不需提供产权证明。 3. 供（排）水、供电、供气、供热等专业公司对社会资本运营的配套服务设施，给予缩短接入时间、精简审批手续等支持措施。	
		（三）加强监督管理	1. 健全引入社会资本的监管制度，对社会资本投资、改造和运营进行全过程监管。建立评估机制，聘请第三方定期对社会资本的服务情况进行评估，总结经验，持续改进和提升社会资本的服务质量。 2. 社会资本违反合同约定，存在擅自改变使用用途、服务收费明显高于周边水平、服务质量差居民反映强烈等触及退出约束条件的，授权主体依据合同约定终止授权。	

续表

序号	政策机制	主要举措	具体做法	来源
五	存量资源整合利用	（一）盘活存量房屋用于公共配套服务	1. 房屋产权或管理权属于行政事业单位或国有企业的房屋或建筑物，当前用途非本单位职能工作必须保留的，可提供给所在街道、社区用于老旧小区配套公共服务。按照"谁使用、谁负责"的原则，由街道、社区等存量房屋使用单位履行存量房屋管理职责。 2. 由老旧小区所在街道、社区全面排查小区及周边配套用房现状和市级存量用房情况，结合改造需要提出用房需求，并与产权（管理）单位协商。在产权不变的前提下，产权（管理）单位将存量房屋以租赁方式提供给街道、社区使用，租金参照房产租金评估价由双方协商确定，并签订租赁合同或使用协议。 3. 市住房和城乡建设部门会同相关部门加强存量房屋提供使用工作的统筹协调和服务指导，区、县政府负责日常监督，避免使用单位将房屋挪作他用。市财政局、住房保障局、国资委、机关事务管理局等根据部门职责，在资产管理、房产管理、审批手续和考核指标核减等方面予以支持。	北京市江苏省浙江省杭州市湖南省长沙市
		（二）明确存量资源授权使用方式	1. 业主共有的自行车棚、门卫室、普通地下室、物业管理用房、腾退空间等存量资源，在街道指导下，经业主大会决定或组织业主共同决定使用用途，统筹使用。 2. 行政事业单位所属配套设施，以及国有企业通过划拨方式取得的小区配套用房或区域性服务设施，经专业机构评估，可将所有权让渡或一定期限的经营收益作为当地政府老旧小区改造投入。 3. 市、区属国有企业通过出让方式取得的配套用房，以及产权属于个人、民营企业和其他单位的配套用房，加强用途管控，恢复原规划用途或按居民实际需要使用。地方政府搭建平台，鼓励产权人授权实施主体统筹使用。 上述存量资源授权社会资本改造运营的，授权双方应当签订书面协议，明确授权使用期限、使用用途、退出约束条件和违约责任等。国有资产的产权划转由地方政府根据实际情况确定。	
		（三）明晰新增设施权属	增设服务设施需要办理不动产登记的，不动产登记机构依法积极予以办理。配套建设的社区服务用房、车库等不动产在小区红线外的，所有权由建设单位与属地政府协商确定，所有权移交属地政府的，可确定一定的无偿经营使用期限；在小区红线内的，由建设单位与业主协商，综合测算投资收益，确定一定的无偿经营使用期限，设施属全体业主共有，登记在全体业主名下。在依法收回并实施补偿后的小区土地上新增建设的设施，根据用地批准文件或者合同办理不动产登记。	
六	落实各方主体责任	（一）落实建设单位主体责任	城镇老旧小区改造工程建设单位成立工程质量、安全生产管理机构,建立工程质量、安全生产责任制，定期开展质量安全检查，建立问题台帐，实行销号管理。加强对设计、施工、监理等责任主体单位和项目负责人的管理，落实质量安全生产会议和检查制度，定期召开工程质量、安全生产例会。对工程设计、材料采购或供应、施工及验收等环节严格把关。	河北省陕西省辽宁省朝阳市山东省枣庄市湖南省会同县
		（二）落实工程质量安全部门监管责任	区、县住房和城乡建设部门建立健全科学有效的质量安全防范体系和管理制度，对纳入监管范围的老旧小区改造工程开展日常监督，建立质量安全监督档案；严格开展监督检查，对发现的质量安全隐患，督促相关单位及时整改，对隐蔽工程、管道工程、屋面防水、墙体修缮等重点部位重要工序加大监督抽查抽测频率。对发现工程质量安全违法行为的，特别是施工中偷工减料、使用不合格防水或保温材料、不按照工程设计图纸或施工技术标准施工、存在较大质量安全生产隐患等情况，及时责令立即整改，并依据法律法规对相关责任单位和责任人实施行政处罚。	

续表

序号	政策机制	主要举措	具体做法	来源
六	落实各方主体责任	（三）强化行政督导检查	城镇老旧小区改造主管部门抽调专业技术人员，采取"四不两直"（不发通知、不打招呼、不听汇报、不用陪同接待、直奔基层、直插现场）或第三方巡查等方式对全市城镇老旧小区改造工程开展督导检查，对发现的质量安全问题及时反馈并跟踪整改处理结果。对不落实整改或整改不到位的单位，进行通报，对主管部门质量安全监管不力及存在重大质量安全隐患的工程项目责任主体，依照有关法律法规严肃处理。	河北省 陕西省 辽宁省 朝阳市 山东省 枣庄市 湖南省 会同县
		（四）发挥社会监督作用	畅通投诉举报渠道，组织有技术专长的小区居民参与工程建设过程监督，建立属地社区代表、小区党组织、业主委员会、施工单位、监理单位等多方参与的协调小组，小组成员现场轮流值班，确保改造过程中发生的问题能够第一时间发现、解决。改造后组织开展居民满意度测评，居民满意度达到规定标准的改造项目，方可进行联合竣工验收。居民满意度未达标的，须根据居民意愿对改造内容进行整改提升，直至居民满意度达标。	
七	加大政府支持力度	建立改造资金统筹与绩效评价考核机制	1. 将城镇老旧小区改造纳入民生实事项目，市级建立评价考核机制，完善日常巡查和月通报制度，对政策措施落实不到位、行政审批推诿扯皮、项目建设进度缓慢、质量安全问题突出的区、县进行通报、约谈，确保目标任务、政策措施、工作责任落实落细。 2. 建立城镇老旧小区改造评价绩效与奖补资金挂钩机制。市级委托第三方机构开展全周期绩效评价，评价结果作为下一年度计划申报、财政政策及资金安排的依据，对工作积极主动、成效显著的给予政策、资金倾斜；对组织不力、工作落后的，予以通报、约谈。 3. 加强专项补助资金统筹。市、县人民政府可通过一般公共预算收入、土地出让收益、住房公积金增值收益、地方政府专项债券、新增一般债券额度、城市基础设施配套费、彩票公益金等渠道统筹安排资金支持城镇老旧小区改造。当年土地出让收益中提取10%的保障性安居工程资金可统筹用于城镇老旧小区改造。住房公积金中心上缴的廉租住房建设补充资金中，可安排一定资金用于支持本地城镇老旧小区改造，具体实施方案由财政部门制定并组织实施。对城镇老旧小区改造中符合社区综合服务设施建设、体育设施、公共教育服务设施等专项资金使用对象条件的配套项目，相关部门优先安排专项补助资金。 4. 对城镇老旧小区改造免收城市基础设施配套费等各种行政事业性收费和政府性基金。 5. 社会资本参与城镇老旧小区改造的，政府对符合条件的项目给予不超过5年、最高不超过2%的贷款贴息。 6. 鼓励将金融机构支持城镇老旧小区改造的信贷资金投放情况，纳入财政性资金存放考核，引导其加大信贷投放。地方金融监管部门将金融机构支持城镇老旧小区改造的信贷资金投放情况纳入当地金融机构支持地方发展考核。	北京市 福建省 湖北省 安徽省 合肥市 湖南省 株洲市 四川省 南充市 四川省 遂宁市 甘肃省 庆阳市

住房和城乡建设部办公厅关于印发
城镇老旧小区改造可复制政策机制清单（第四批）的通知
（建办城函〔2021〕472号）

各省、自治区住房和城乡建设厅，直辖市住房和城乡建设（管）委，新疆生产建设兵团住房和城乡建设局：

近期，我部聚焦国务院大督查、审计发现及群众反映比较集中的部分地方城镇老旧小区改造计划不科学不合理、统筹协调不够、发动居民共建不到位、施工组织粗放、建立长效管理机制难、多渠道筹措资金难等问题，有针对性地总结各地解决问题的可复制政策机制和典型经验做法，形成《城镇老旧小区改造可复制政策机制清单（第四批）》。现印发给你们，请结合实际学习借鉴。

住房和城乡建设部办公厅

2021年11月17日

城镇老旧小区改造可复制政策机制清单（第四批）

序号	难点问题	表现及原因	解决问题的举措
一	改造计划不科学不合理	没有根据小区配套设施短板及安全隐患摸底排查结果，统筹考虑待改造小区设施状况、居民意愿等，确定小区纳入改造计划的优先顺序。	浙江省宁波市建立城镇老旧小区改造项目库，对项目改造方案进行竞争比选，择优纳入年度计划。一是全面摸底调查。街道、社区组织对辖区内老旧小区底数进行摸排，全面掌握小区建成年代、建筑结构等基本信息，以及配套设施、安全隐患等。二是广泛征集居民意愿。街道、社区指导小区业主委员会收集居民改造意愿，组织业主对改造内容进行选择，根据业主表决情况，将小区缺损严重、改造需求度高的设施纳入改造内容，由小区业主委员会向街道提出申请。三是编制改造方案。街道委托设计单位结合小区实际和改造需求编制工程设计、工程预算、资金筹集方案，引导业主共同协商议定改造后小区管理模式，并组织业主进行二次表决。四是方案量化打分。区（县）人民政府对改造项目实施竞争性管理，从小区配套设施与服务短板、居民参与的积极性、改造后长效管理机制建立情况等多个维度，综合评价老旧小区改造项目实施方案，实行量化计分、排序，将得分高的小区优先纳入年度改造计划。五是滚动纳入计划。对暂未纳入当年计划的项目，组织街道、社区进一步完善改造方案，做好群众工作，在确定下一年度改造计划时予以优先考虑；条件成熟的，在已列入当年计划的项目遇到突发情况不能实施时，及时增补。
		纳入年度改造计划的项目提前谋划不充分，急于完成开工任务，群众工作等前期工作不到位。	北京市实行"居民申请、先征询意见制定方案、后纳入年度计划"的工作机制。居民可通过街道、社区、电话、网络等渠道申请纳入改造计划，各区（县）安排属地街道、社区，组织业主委员会、社区责任规划师、物业服务企业等，做好入户调查、政策宣传，征集居民改造意愿和改造需求。居民就改不改、改什么、改后怎么管，以及愿意承担配合改造、拆除违法建设、缴纳物业费、归集住宅专项维修资金等义务等达成共识的，方可纳入年度改造计划。实践中，不少项目往往先用1—2年去做群众工作，再纳入年度改造计划实施，既有效调动了居民参与积极性，也去保障了开工进度要求，还让居民掌握改造时间安排，便于有需要的居民同步进行户内改造或装饰装修、家电更新。

续表

序号	难点问题	表现及原因	解决问题的举措
一	统筹协调不够	未建立政府统筹、条块协作、各部门齐抓共管的专门工作机制，由个别部门单打独斗，工作未形成合力。	河南省开封市采取"1个领导小组+7个工作专班"的组织领导模式,强化城镇老旧小区改造工作统筹协调。一是成立由市委书记、市长任双组长,市委常委、组织部部长任常务副组长,主管副市长任副组长的组织领导机构,高位推动改造工作。二是下设7个工作专班,明确工作职责分工。其中"党建工作专班"负责加强党建引领、发动群众参与配合改造和改造后长效管理;"规划专班"负责推进城市更新层面统筹改造的规划设计,对所有改造项目的设计方案审核把关;"资金整合专班"负责整合财政各类资金、引入社会资本、做好项目融资;"工程专班"负责定标准、把质量、促推进,统筹指导老旧小区改造;"拆违和管网整治专班"负责统筹协调改造中各种管线施工和违法建设拆除;"土地专班"负责落实改造中土地支持政策;"生活圈配套专班"负责结合改造推进"15分钟社区生活圈"配套建设,完善养老、托育等公共服务设施。三是完善工作调度协调机制。组织部部长每月组织各县区、各专班召开改造工作推进会,听取进展汇报,协调解决工作中遇到的问题。市委、市政府督查局会同工程专班每周督导工作进度、质量,每月对区(县)进度排名通报,对工作落后的区(县)进行提醒、通报批评,合力推进老旧小区改造高标准实施。
		改造方案缺乏统筹、甩项漏项、系统性不强。	1. 湖北省武汉市加强改造方案联合审查,强化内容统筹。设计方案经过街道、社区组织居民确定后,由区牵头部门组织联席会议集中联审,及时提出意见建议,其中,区城市管理、消防、公安、交通管理部门负责对方案中拆除违法建设、消防通道、安防设施、交通组织等内容提出要求,水务、供电、园林、文旅等部门负责将海绵城市建设、绿化提升、雨污分流、二次供水、加装电梯、文体设施等项目统筹到改造项目中。改造方案根据审查意见及时修改,有效提高方案的专业性、系统性,避免出现改造内容不合规、重复施工等问题。 2. 江苏省常州市统筹考虑居民当前与长远需求,积极推动实施改造的城镇老旧小区同步加装电梯。一是对具备加装电梯条件的楼栋,在征求意见过程中,同步组织加装电梯政策解读、居民协商等工作,引导居民充分认识老旧小区加装电梯的政策机遇。二是在推动居民形成共识前提下,将加装电梯列入改造内容同步开展方案设计,在管线改造时,统筹实施加装电梯所需地下管线迁移,管线迁移费用纳入改造费用解决。三是对居民暂未形成共识、具备加装电梯条件的楼栋,在城镇老旧小区改造项目实施地下管线改造时,预留加装电梯基坑空间条件,避免今后加装电梯时重复迁改管线。
		统筹水、电、路、气等管线单位参与改造力度不够。	1. 河北省石家庄市从住房和城乡建设、城市管理、体育、通信管理、供电、供水等部门单位,抽调"水、暖、电、气、通信"等专业人员,组建市级工作专班,集中办公、同向发力,统筹协调推进老旧小区专营设施改造。依托工作专班,定期召开会议,强化督导协调,推动各专营单位优化施工时序、避免反复施工。 2. 北京市改变原来由各专营单位就不同专业管线,分别进行"勘察设计、改造方案制定、立项批复、工程招标、工程验收"的实施方式,优化调整为实施主体组织各专业公司统一摸排专业管线情况、统一编制各专业管线打捆实施的资金筹措及施工组织等设计方案、统一立项审批、统一工程监理、统一验收移交。改造后,各市政专业管线单位延伸至小区红线内各专业管线产权分界点,基本实现专业管线管理入楼入户,打通市政设施专业化管理服务"最后一公里"。
		施工缺乏统筹,各施工主体在改造中各吹各号,施工衔接不当。	1. 四川省成都市在城镇老旧小区改造施工前,各区(县)牵头部门将项目点位信息,及时通报水电气等专业经营单位;专业经营单位组织技术力量实地踏勘,对实施专营设施改造的点位信息予以确认,编制专项改造方案;老旧小区改造项目实施单位在此基础上,编制整体改造施工方案,优化施工流程,统筹组织实施。 2. 浙江省宁波市城镇老旧小区改造项目全面推行全过程工程咨询服务模式,推动提高项目管理效率及质量。聘请专业机构作为全过程工程咨询服务单位,全面承担从方案设计、立项审批、合同管理、投资管理、施工图设计、工程招标、施工管理(包含工程监理)等各个阶段的管理工作;全过程工程咨询服务单位在现场派驻各类管理人员,既有按规定配置的总监理工程师、专业监理工程师、监理员,也有负责沟通协调的专业经理,切实加强现场沟通协调管理。

序号	难点问题	表现及原因	解决问题的举措
三	发动居民共建不到位、居民主体作用未充分发挥	改造意愿调查走过场，征求意见不实、不细，覆盖面不够，居民对改造方案知晓率低。	1. 湖北省宜昌市采取"三轮征询"工作法，征求居民对改造工作意见建议，宣传改造政策，推动形成共识。第一轮，由小区业主委员会通过入户走访、微信群调查、集中座谈等方式，全面征询居民对改造的意见建议；第二轮，由小区网格员组织开展入户调查，重点听取暂不支持改造居民意见，争取大部分居民同意；第三轮，由社区居委会、网格员、业主委员会共同入户，重点做通少数不支持改造居民工作，最终实现100%居民同意改造方案。
		改造意愿调查走过场，征求意见不实、不细，覆盖面不够，居民对改造方案知晓率低。	2. 广东省珠海市、四川省成都市要求城镇老旧小区改造方案需法定比例以上居民投票表决通过方可实施，确保"改什么"居民说了算。一是设计单位通过发放调查问卷、实地踏勘、与居民面对面交流等方式，确定居民意愿强烈的改造内容，编制初步方案。二是街道社区组织召开多轮居民研讨会，由建设单位及设计单位现场讲解方案，解答居民疑问、收集居民意见，根据各方意见建议对设计方案反复优化，直至各方基本达成一致。三是设计单位将设计方案打印成册，在重要时间节点打印大幅彩图张贴在小区主要位置，街道社区组织小区业主对设计方案现场投票表决，经专有部分面积占比2/3以上的业主且人数占比2/3以上业主参与表决，参与表决专有部分面积3/4以上的业主且参与表决人数3/4以上的业主同意，并对表决结果进行公示后，方能实施。
		群众工作效率不高、基层负担较大、入户征询难、居民意愿人工统计时间长。	河北省积极运用信息技术，提高群众工作效率，落实"80%的小区居民同意方可纳入改造、征求80%的居民意愿制定改造方案、80%的居民满意方可组织竣工验收"3个80%要求。开设"河北老旧小区改造"微信公众号，通过线上调查、自动统计分析小区居民改造意愿、改造方案意见和满意度，为合理确定改造项目、科学制定改造方案提供精准数据支持；设置"随手拍"功能，实时接受群众监督，小区居民对改造中发现的问题或意见建议，可随时随地拍摄并通过公众号反映给有关部门，推动及时掌握、化解改造中遇到的问题，赢得居民支持与认可。
		投诉举报渠道不畅，社会监督不够，改造中存在问题处置不及时。	1. 黑龙江省哈尔滨市运用线上手段，畅通投诉举报渠道。每个项目组建居民、街道社区相关负责人、项目施工及监理单位负责人等加入的微信群，方便居民及时了解项目工程安排，足不出户表达自己的意见建议，有关单位及时根据居民合理诉求优化调整施工安排，扩大居民参与覆盖面、及时解决问题。 2. 河南省焦作市健全社会监督及回访机制。设立并向社会公开老旧小区改造工作热线电话，明确回复流程、时限，推动及时解决群众合理诉求。改造过程中，在项目现场明显区域设立信访投诉公示牌，公示联系人、联系电话，做到问题早发现、早处理，避免积累激化。组织工会、共青团、妇联等群团组织，对改造后小区入户走访查看，收集汇总居民意见，及时反馈相关部门解决。
		发挥街道社区作用不够，促进居民达成共识方法不多。	上海市、浙江省杭州市调动街道、社区加装电梯工作积极性、主动性，搭建协商议事平台，充分发挥基层党员及热心群众、专业技术人员作用，化解矛盾分歧、促进形成共识。如，上海市自2021年起实行"只要有一户居民申请，社区就启动组织加装电梯意愿征询"，2021年1—10月，居民达成一致意见、签约加装电梯5007部，比过去10年加装电梯总量还多。浙江省杭州市在老旧小区改造项目中，由街道社区逐个单元组织居民召开座谈会，共同协商加装电梯方案，通过集中讲解政策、解答居民困惑、动画演示加梯后效果等方式打消居民顾虑，会上无反对意见、达成一致的，组织居民当场签订加装协议、迅速启动实施，成熟一个单元、加装一个，让等待观望的业主看到实效，尽快转变观念、形成共识，有效提高了整个小区、整栋楼的电梯加装率。
四	施工组织粗放，有些地方改造工程存在质量常见问题	参建各方质量主体责任未有效压实。	北京市强化改造工程质量监管，督促改造工程各参建单位落实主体责任，提升项目施工水平。一是要求改造工程的建设、勘察、设计、施工总承包、监理单位的法定代表人、项目负责人签署工程质量终身责任承诺书。二是推行举牌验收制度，对关键工序、关键部位隐蔽工程实施举牌验收，明确分项工程名称、验收部位、验收内容、验收结论、验收人、验收时间等，并留存影像资料，影像资料在工程竣工后交付使用单位或物业企业。三是工程质量监督机构依据工程综合风险等级，确定改造项目的监督检查频次，实施差别化监管。四是住房和城乡建设部门建立改造工程参建单位和人员信用档案，记录项目建设过程中以及保修期限内涉及工程质量受到行政处罚或处理的违法违规不良行为，采用披露、评价、联合惩戒等方式强化结果应用。

续表

序号	难点问题	表现及原因	解决问题的举措
四	施工组织粗放,有些地方改造工程存在质量常见问题	动员群众参与施工监督不够。	山东省淄博市动员居民参与改造相关施工监督,通过"眼见为实"打造"居民放心工程"。一是在改造现场设立工程使用主要材料展示柜,向居民展示采样的材料和质量合格证、检测合格证,邀请居民把采样材料和实际施工使用材料做比较。二是制作施工"明白墙",将改造工程工艺和流程公示上墙,让居民明晰施工规范,方便居民监督。三是组织有工程施工经验、责任心强的居民成立义务监督队伍,随时监督改造项目进度和施工质量,并做好施工单位、居民之间的沟通协调工作。
		使用不合格建筑材料。	吉林省通化市严把改造工程材料质量关、降低工程成本、建设放心工程,对改造工程大宗材料统一实施集中招标采购,对大宗商品实行竞争性谈判,在保证质量的同时,以数量优势降低采购成本,仅材料采购方面就节省工程投资2000余万元。
		工程质量回访、保修制度以及质量问题投诉、纠纷协调处理机制不健全。	北京市加强改造工程质量保修管理。改造工程完工后,要求建设单位建立工程质量回访、质量保修制度和投诉、纠纷协调处理机制,向居民发放保修事项告知书,按照有关规定、合同约定履行保修义务。对于存在质量问题、处于保修期和保修范围内的工程,建设单位应及时与业主协商维修方案,组织施工单位先行维修。
五	建立长效管理机制难,改造效果难保持	不注重结合改造同步健全小区治理结构,没有引导居民确定改造后的小区物业管理模式。	湖北省咸宁市坚持建管并重,将社区治理能力建设融入改造过程,结合改造同步完善小区治理结构、健全小区长效管理机制,2019—2021年纳入中央补助支持改造计划的313个老旧小区,实现党组织、业主委员会全覆盖,业主委员会成员中党员占比50%以上,物业管理全覆盖。一是要求所有纳入改造计划的老旧小区,必须完善小区治理结构,组建党组织、业主委员会,党组织、业主委员会成员"交叉任职"。二是坚持一小区一策,推出物业服务企业管理、政府兜底托管、居民自我管理等物业管理模式,引导居民在改造开工前,集体决策、自主选定适合本小区实际的管理模式。三是推行"小区吹哨、各方报到",推动职能部门、包保单位、下沉党员干部、小区党员、业主和物业企业形成小区治理合力。
		老旧小区规模小、管理成本高,引入专业化物业服务难。	北京市昌平区昌盛社区在改造中通过拆墙并院、拆除违法建设、统一封闭管理,降低管理成本,有效破解开放式老旧小区物业管理难题。一是充分发挥党建工作协调委员会平台作用,强化各产权单位协同联动,通过"吹哨报到"动员产权单位移交土地管理权,逐楼组织业主表决将整个社区36个独立楼院合并为一个物业管理区域,打破各小区各自为政的僵局。二是拆除各楼院之间围墙,使社区公共空间连为一体,封堵部分出入口,合理保留必要出行通道,扫清封闭管理障碍;拆除各小区私搭乱建,统筹拆除违法建设、围墙腾出的闲置空间,增加养老、托育、物业管理用房等服务设施,为引入物业管理创造条件。三是在合并小区成立业主委员会,经业主大会以双超80%的高同意率表决通过,公开招投标引入物业服务企业,物业服务企业通过物业费、停车管理费、广告、增值服务等渠道收入实现盈亏平衡。
		未同步建立城镇老旧小区住宅专项维修资金归集、使用、续筹机制。	浙江省宁波市推行住宅专项维修资金"即交即用即补"机制,提升老旧小区住宅专项维修资金交存占比。对未建立、未交齐住宅专项维修资金的老旧小区,利用城镇老旧小区改造中召开业主大会、成立业主委员会、引入专业化物业管理等契机,引导业主参照新建住宅60%—80%标准交齐住宅专项维修资金,鼓励统筹小区公共收益补充住宅专项维修资金;小区维修资金交纳后,可立即用于城镇老旧小区改造中居民出资,市、区两级财政按居民改造中使用住宅专项维修资金金额的50%给予补贴。

续表

序号	难点问题	表现及原因	解决问题的举措
六	多渠道筹措资金难，部分地方主要靠中央补助实施改造	改造项目小而散、收益不高、回报低，社会力量参与积极性不高。	1. 山东省枣庄市积极吸引社会力量参与，探索多方共担的改造资金筹集机制。一是鼓励供水、燃气、供热、通讯等专营单位参与老旧小区配套设施改造，对改造费用给予税收"计提折旧"优惠。如，该市峄城区、市中区、薛城区将雨污分流管道、水气热管网等作为必改项目，引导专营单位出资1.53亿元，对56个老旧小区基础设施实施升级改造。二是吸引社会力量投资。通过调增容积率、改变土地用途等手段，盘活33处老旧小区闲置地块，吸引社会力量投资1.7亿元，完成提升类项目改造。如，滕州市利用闲置土地、厂房等存量资源，引入社会力量投资4000余万元，建设2000余平方米社区服务中心1处、1000余平方米便民市场1处、室内健身托育场所1处，既平衡了项目投入，又方便居民生活。 2. 重庆市九龙坡区通过PPP模式，吸引社会力量采取"市场运作、改管一体"方式参与改造，培育项目自身造血机制，争取2.8亿银行贷款支持，缓解财政投入压力。一是由民营企业、国企成立合资公司，作为实施运营主体，负责全过程投融资、建设、运营、后续维护等工作；二是挖掘小区及周边存量资源，新建、改建养老、托育、医疗等公共服务设施，引导让渡小区公共收益及周边国有资产收益，通过公共服务设施、停车位、充电桩、农贸市场、公有房屋、广告位等经营性收入以及可行性缺口补助回收投资。
		统筹涉及住宅小区的条线资金，用于城镇老旧小区改造不够。	陕西省铜川市王益区坚持"渠道不乱、用途不变"，加强部门条线资源整合，积极抢抓成功申报全国海绵城市示范城市政策机遇，将全区22个落实海绵城市理念的老旧小区改造项目捆绑纳入全市系统化全域推进海绵城市建设项目库；抢抓北方清洁取暖试点城市政策机遇，争取到既有建筑节能改造补助资金2787万元，与城镇老旧小区改造中央补助资金统筹使用，有效提高财政资金使用效率。
		水电气热信等管线单位出资责任不明确。	福建省明确电力、通讯、供水、排水、供气等专业经营单位出资责任。对城镇老旧小区改造范围内电力、通讯、有线电视的管沟、站房或箱柜设施，土建部分建设费用由地方财政承担。供水、燃气改造费用，由相关企业承担；通讯、广电网络缆线的迁改、规整费用，相关企业承担65%，地方财政承担35%。供电线路及设备改造，产权归属供电企业的，由供电企业承担改造费用；产权归属产权单位的，由产权单位承担改造费用；产权归属小区居民业主共有的，供电线路、设备及"一户一表"改造费用，政府、供电企业各承担50%。非供电企业产权的供电线路及设备改造完成后，由供电企业负责日常维护和管理，其中供电企业投资部分纳入供电企业有效资产。
		原产权单位出资责任未落实。	湖北省黄石市是老工业城市，需改造老旧小区多为原国有工矿企业家属区，市政府主要领导高位协调，推动当地相关国有企业通过直接出资、向社区捐赠小区内及周边的所属办公用房及活动场所用于完善社区服务设施等方式，落实原产权单位出资责任，积极支持城镇老旧小区改造。

附录2　本书相关调查研究和项目参与人员名单

1. 全国城镇老旧小区改造情况调查研究

在中规院院领导带领下，中规院城市更新研究所、科技处、历史文化名城研究所、城市交通研究分院、风景园林和景观研究分院、城镇水务与工程研究分院、北京公司、西部分院、城市设计研究分院等院所参与了全国城镇老旧小区改造情况调查研究。

2. 城镇老旧小区改造国际案例研究

中规院科技处：付冬楠

新加坡国际案例研究组（中规院北京公司建筑所）：周勇、孙书同、郑进、方向、房亮、何晓君

日本国际案例研究组（中规院北京公司生态市政院、北京公司规划设计一所）：任希岩、李家志、王冀、王扬

英国国际案例研究组（中规院城市规划学术信息中心）：郭磊

美国国际案例研究组（中规院城市更新研究所）：范嗣斌、冯婷婷、缪杨兵、黄硕、吴理航

韩国国际案例研究组（中规院北京公司规划设计四所）：徐超平、冯晶、张绍风

德国国际案例研究组（中规院住房与住区研究所）：焦怡雪、周博颖、张璐、葛文静、陈烨

荷兰国际案例研究组（中规院风景园林和景观研究分院）：马浩然

法国国际案例研究组（中规院历史文化名城研究所）：苏原、张之菡、李洵

北欧国际案例研究组（中规院规划研究中心）：郭枫、沈怡辰

3. 延安老旧小区改造项目

中规院城市更新研究所：邓东、范嗣斌、王亚洁、路天培、王仲、薛峰、孙浩杰

中规院城市设计研究分院：郭君君、刘善治

中规院北京公司建筑所：吴晔、王冶、王丽、周勇、郑进、方向、何晓君、

房亮、耿秀芳、张福臣、刘自春

延安市规划设计院：马继旺、苗芊、姜晓芸、乔飞、刘亮、张娟

4. 昆山老旧小区（中华园东村）改造项目

昆山市住房和城乡建设局：潘志勇、徐通博、徐晨雷、王婕、季思怡

中规院城市更新研究所：邓东、范嗣斌、刘元、李晓晖、仝存平、李锦嫱、孙璨、孙浩杰

苏州规划设计研究院股份有限公司（昆山分公司）：徐佳峰、倪冶、王骐、段俊波、周鸣宇

参考文献

［1］贾梦圆，臧鑫宇，陈天. 老旧社区可持续更新策略研究——新加坡的经验及启示［C］//中国城市规划学会，沈阳市人民政府. 规划60年：成就与挑战——2016中国城市规划年会论文集. 沈阳：中国城市规划年会，2016：331-340.

［2］张天洁，李泽. 优化住宅存量下的新加坡公共住宅翻新［J］. 建筑学报，2013（3）：28-33.

［3］黄春明. 借鉴新加坡经验　保证城市持续更新［N］. 珠海特区报，2014-04-27（8）.

［4］刘锋. 我国老旧小区有机更新中的权属问题［J］. 中国房地产，2016（15）：75-80.

［5］边防，吕斌. 基于比较视角的美国、英国及日本城市社区治理模式研究［J］. 国际城市规划，2018，33（4）：93-102.

［6］严雅琦，田莉. 1990年代以来英国的城市更新实施政策演进及其对我国的启示［J］. 上海城市规划，2016（5）：54-59.

［7］顾大治，蔚丹. 城市更新视角下的社区规划建设——国外街区制的实践与启示［J］. 现代城市研究，2017（8）：121-129.

［8］黄静，王诤诤. 上海市旧区改造的模式创新研究：来自美国城市更新三方合作伙伴关系的经验［J］. 城市发展研究，2015，22（1）：86-93.

［9］孔娜娜，张大维. 美国是这样开展社区建设的［J］. 社区，2007（15）：30-31.

［10］张文杰. 韩国集合住宅研究［D］. 天津：天津大学，2009.

［11］시정개발연구원. 북촌가꾸기　중간평가연구［R］. 2005.

［12］杨涛. 柏林与上海旧住区城市更新机制比较研究［D］. 上海：同济大学，2008.

［13］李罡. 住有所居　荷兰的社会住房政策［J］. 经济，2013（1）：96-98.

［14］程晓曦. 荷兰城市改造与复兴的三个阶段与多种策略［J］. 国际城市规划，2011，26（4）：74-78.

［15］田达睿. 法国生态街区建设的最新实践经验与借鉴——以巴黎克里希街区和里昂汇流区项目为例［J］. 城市规划，2014，38（9）：57-63.

［16］中国城市规划设计研究院. 全国城镇老旧小区改造调研报告［R］. 2019.

［17］住房和城乡建设部城市建设司，中规院城市更新研究所. 城镇老旧小区改造"九项机制"试点案例集（第一批）［R］. 2020.

［18］南通首批租赁式加装电梯拿到许可证！一年最低375元［EB/OL］.［2019-11-01］. https://baijiahao.baidu.com/s?id=16507748222247615310.

［19］通州老旧小区迎来春天！充电桩2020年全覆盖！［EB/OL］.［2017-09-01］. https://www.sohu.com/a/191053026_99961867.

［20］数量17万个涉及上亿人，2019年老旧小区改造进展如何？［EB/OL］.［2019-12-01］. http://www.gov.cn/xinwen/2019-12/30/content_5465176.htm.

［21］国务院政策例行吹风会文字实录［EB/OL］.［2020-04-01］. http://www.gov.cn/xinwen/
2020zccfh/7/index.htm.

［22］国务院政策例行吹风会文字实录［EB/OL］.［2019-07-01］. http://www.gov.cn/xinwen/
2019zccfh/43/index.htm.

［23］住房和城乡建设部副部长黄艳介绍情况［EB/OL］.［2020-04-01］. http://www.gov.cn/
xinwen/2020-04-16/content_5503197.htm.

［24］省级试点，城南老小区大变样！昆山住这的身价还要涨［EB/OL］.［2019-04-01］. http://
www.5khouse.com/news/34068.aspx.

［25］扎实开展试点　去年试点城市改造老旧小区106个［EB/OL］.［2019-07-01］. http://
www.scio.gov.cn/32344/32345/39620/40845/zy40849/Document/1658393/1658393.
htm.

［26］刘勇. 旧住宅区更新改造中居民意愿研究［D］. 上海：同济大学，2006.

后 记

在住房和城乡建设部的领导下，过去两年多时间里，我院作为技术支持单位，举全院之力配合住建部开展城镇老旧小区改造实地调查、案例研究和政策研究等一系列工作。院领导班子高度重视此项工作，总工室、科技促进处、经营管理处、综合办等职能部门积极统筹协调，保障了工作的顺利推进。

在全国城镇老旧小区改造情况调查研究和城镇老旧小区改造国际案例研究中，我院以城市更新研究所为牵头所，投入城市设计分院、北京公司、风景分院、交通分院、规划研究中心、历史文化名城研究所、学术信息中心、水务与工程分院、住房与住区研究所、西部分院等十余个分院、所、室，百余位技术骨干参与到工作中，为住建部老旧小区改造政策的研究制定奠定了基础。

本书付印之际，我们首先要感谢住建部黄艳副部长等部门领导对我们工作的关心和指导！

感谢延安市住房和城乡建设局的关心和支持！

感谢昆山市住房和城乡建设局和震川办事处群益街道对工作给予的支持和指导！

在编写过程中，范嗣斌拟定全书提纲，对框架结构和各章节内容观点作整体把握，并负责前言的撰写。

第1章"绪论：城镇老旧小区改造背景及要求"由王亚洁撰写。

第2章"全国城镇老旧小区改造情况调查研究"由冯婷婷撰写。

第3章"国际老旧小区改造相关工作经验借鉴"由曹双全撰写。

第4章"江苏昆山：住区—街区—城市联动的'昆山之路'"的撰写人为刘元、李锦嫱、仝存平、孙浩杰、孙璨。

第5章"陕西延安：从'双修'到'双改'的延安实践"的撰写人为路天培、王亚洁、孙浩杰。

第6章"我国城镇老旧小区改造试点实践机制探索"的撰写人为范嗣斌和王仲。

第7章"总结与展望"由王亚洁撰写。